元气满满的生活

让该来的来

让该去的去

林曦 著

北京日报出版社

图书在版编目（CIP）数据

元气满满的生活：让该来的来，让该去的去 / 林曦著. — 北京：北京日报出版社，2022.4（2023.3重印）

ISBN 978-7-5477-4064-4

Ⅰ.①元… Ⅱ.①林… Ⅲ.①人生哲学–通俗读物 Ⅳ.①B821-49

中国版本图书馆CIP数据核字(2021)第170488号

元气满满的生活：让该来的来，让该去的去

责任编辑：	秦　姚
监　　制：	黄　利　万　夏
特约编辑：	马　松　路思维　王玉晴
营销支持：	曹莉丽
装帧设计：	紫图装帧
出版发行：	北京日报出版社
地　　址：	北京市东城区东单三条8-16号东方广场东配楼四层
邮　　编：	100005
电　　话：	发行部：(010) 65255876
	总编室：(010) 65252135
印　　刷：	艺堂印刷（天津）有限公司
经　　销：	各地新华书店
版　　次：	2022年4月第1版
	2023年3月第2次印刷
开　　本：	880毫米×1230毫米　1/32
印　　张：	10.25
字　　数：	145千字
定　　价：	79.90元

版权所有，侵权必究，未经许可，不得转载

目录

上 别忽略心的力量

一 把"养"这件事，放进日常必做的清单中　003
1. "养"的必要性和重要性　003
2. 元气就如孩子气　009
3. 身心一体，为我们的"软件系统"升级　013
4. 诸如写字这样的事　019

二 中国传统智慧所理解的生命　027
1. 一切如常——经典中所认知的好的生命状态　027
2. 道不在远——从高濂的一天中学生活　033
3. 生命不是纯物质化的存在——曾国藩的"续航"指南　041
4. 我善养吾浩然之气——孟子的"特长"　045
5. 不辞飞沙走石——苏东坡的叮嘱　049

中 管好自己的事

三 除了自己，谁都无法真正为我们的生命负责 061
1. 效仿滴水穿石的力量 061
2. 对你而言，什么更重要 065
3. 珍惜与护持，是我们能为自己的身体所做的最好的事 069
4. 中医式的思路 073
5. 现代人的养生问题 077

四 古人关于预防生病的建议 087
1. 中国传统中关于健康的三个基本条件 087
2. 各从其欲，皆得所愿 097
3. 像保护婴儿一样保护自己 103

五 为自己节能 113
1. 在小事中，养成节能的习惯 113
2. 管好我们的时间 121

下 从"脾妈妈"说起——养好我们的后天之本

六 好好照顾"脾妈妈" 137
1. 为什么把脾叫作"妈妈" 137

  2. 脾的健康宣言：头脑简单、四肢发达   141

  3. 我该吃点什么——不论贵贱，适合最重要   147

  4. 可以这样吃   153

  5. 身体的通与不通：喝水的小讲究   161

  6. 好好睡觉   169

  7. 别留大便   179

  8. 学会养气   185

  9. 想让头发好，请供好"脾妈妈"   193

七 关于美的杂说   201

  1. 自己感觉好比看上去好重要   201

  2. 有余量才运动   207

  3. 穿衣心得：先让自己舒服，再考虑好看的事   211

  4. 越是心爱的东西，越要变成日常   215

  5. 五脏其华在面，关于护肤品的一点看法   219

  6. 学会保暖的功夫   223

延伸阅读

- 先做一个空杯子——关于中医学习的一些心得   235
- 别因为无知而随意地对待自己的身体 —— 关于艾灸的一点事   263
- 你为什么过敏   269
- 你要什么，你听谁的——《原则》读后感   287

美之为美

徐文兵 | 序

林曦老师的这本书是她日常生活和养生方面的心得，讲述如何让自己活得有元气，在我看来，它也是一次关于美的谈论。

老子说："天下皆知美之为美，斯恶已。天下皆知善之为善，斯不善已。"关于这句话，有很多不同的解读。我个人认为，美是一种主观感觉，对于美，很难有统一标准。且不说人与人有不同的美感，即便是同一个人，在自身成长的不同时期，审美也不同。萝卜青菜各有所爱，彼之蜜糖我之毒药。更何况美丑、善恶都是相对的，因时因地因人而不同。所以在审美这件事上，不能硬性规定一个标准，让大家认同、遵守。如果主政者这么想且这么做，那就是在作恶了。道家秉承"各从其欲，皆得所愿"的信条，各美其美，美人之美，才是真美。

如果再细究美之所以为美，或者审美的依托是什么，我想应该是人的精气神，因为精气神主宰决定了人的感觉。再细分的话，分成觉得美和感到美。

"觉"是脊髓大脑的神经反射，比感低一个档次，因为它不动心。视觉、嗅觉、味觉、听觉、触觉都是人体觉察外界的反应，也因此产生美觉，或丑觉。简单地概括，就是感官刺激，中医将控制这种相对低级的动物本能的系统称之为魄。

而"感"到美，是触及了人的心魄和心，或者说触及了灵魂，引起了情绪、感情和心神的波动，产生了美好的感。

比如说美食的标准是色香味俱全，这其实还不够，应该是色香味形触声，其中色是视觉，香是嗅觉，味是味觉，形既影响视觉也影响触觉，触是触觉，声是听觉。当然人不是去吃黑暗料理，所有觉综合在一起，甚至会产生通感，比如有人吃到一口美味，感觉耳鸣或脑袋嗡地一声响。有人吃到海鲜，感觉鲜得眉毛都要掉下来。有人听到别人说美食，就会食指大动。还有人常说好吃到哭。这已经是由低级的觉，上升到高级的感，触动到心魄和心神了。

古人把感到吃美了，叫作怡。让朱元璋念念不忘的珍珠翡翠白玉汤，本身就是酸臭的剩饭剩菜，在特定的条件下，让人怡了，且记了一辈子。

道家讲，魄欲人死而魂欲人生，正所谓"魂欲上天魄入渊"，感官刺激尽管能带来快感（觉），但是对人的精气神消耗也很大。老子又说："五色令人目盲，五音令人耳聋，五味令人口爽，驰骋畋猎令人心发狂"。而美感，是对心神的滋养，一旦养成，不需要借助外物、外力，美由心生，回味悠长。所谓余音绕梁三日不绝，就是这个意思。

既然美是基于身心健康的主观感觉，以此为标准评价审美的话，我想大致可以分为四种，一是感觉不到美，二是健康的审美，三是病态的审美，四是附庸风雅的审美。

常言道，爱美之心，人皆有之。其实不然，如果人的心气不足，麻木不仁、颓废沮丧的话，就没有什么对美的感觉。黯然神伤，心如死灰，看什么都没有色彩，灰蒙蒙一片。相反，如果人心气足，慢慢开始梳头洗脸化妆了，爱打扮了，不再将就而开始讲究了，开始哼歌了，喜欢逛商场买东西了，爱美之心出来了，人也变得健康了。

如果以人的身心健康来评价审美的话，那应该就是自然之美，或顺应自然的人为之美。庄子说："天地有大美而不言。"陶弘景说的"山川之美，古来共谈"和"只可自怡悦的岭上白云"，这是秉承道家的人生观和价值观的审美标准。

而病态的审美，都是反自然的美，比如所谓的暴力美学等等。

附庸风雅并不是贬义词，和见贤思齐是同义词。通过向身心健康的人学习，学会欣赏健康的美，进而从意识层面影响自己内心，让自己变得身心健康，这其实就是美育的含义。

我在2011年想给厚朴中医临床班开设书法课，经同学介绍结识了林曦老师，一见如故，就决定请她来厚朴教学。林老师带了厚朴一期、二期和三期的书法课，后来她办起了暄桐教室，更专业系统地教授书法、绘画、养生等内容。

也有人问过我，为什么当初不请个老先生来教书法。我回答说，小林老师内心有个古老的灵魂，学书法不是变成写字匠，审美的背后贯穿着精气神。

现在，林曦老师将她审美背后的支撑体系做了梳理总结，我觉得这也是养精、养气、养神的经验之谈。应邀作序，不胜惶恐，勉强把我对此的认识梳理一下，希望能与作者、读者共情，共鸣。

徐文兵

2021年10月1日星期五

于北京

开心遨游这人生

林曦 | 自序

这些年来,我一直在暄桐教室做书法课的老师。对我和同学而言,书法不仅仅是一门手上的技艺。作为中国世代文人的日常所爱,它是一个绝佳的入口,可以帮我们打开传统智慧和生活方式的那扇门。

对于现在的我们来说,学习传统中的一件重要的事,是和古人做朋友,于几千年来的积淀中获得启发,可以取用有益的东西,助益此刻的生活。所以从笔墨到生活,一直是我们用功的方向。

课程里"笔墨+"的概念便是由此而起的,即课程内容的一部分是写字、画画这样的实践功夫,另一部分则是由此牵引出的传统审美和生活智慧,比如琴棋书画诗酒花的生活方式和态度,儒释道经典中的智慧思想,等等,并且作为一个中医哲学的热爱者,我也会选取一些相关内容，在课堂上做分享和讲解。

涉及生活，尤其是对身体的养护，大家都会很关心，所以我总是会收到同学们提出的很多问题。这些问题常常很具体，比如皮肤怎样保养才能更好，怎么吃饭喝水，怎么学习中医，怎么静坐，等等。有很多东西，在课堂上来不及探讨，我就趁着有空的时候，写成小文字给同学，唠叨一些身体力行过的经验和心得。这些文字像闲来与朋友的聊天，久而久之也积累了一些，它们便成了这本小书的缘起。

对于伴随我们一生的身体，如何护持、如何保养，中国古人有很多智慧的理解，因此我也会忍不住感叹，现在的我们很容易把养生变成一些贴士，或者说一些小"招儿"，有一种对于效果立竿见影的过度期待。就像我常被问到的那个问题，我该吃点什么比较好呢？可以理解为我们对于解决或改善自己身体状况的期望和迫切，但不论是书法还是中医，中国所有的文化都建立在一整套完整的哲学体系上。也许的确存在很多具体的方法，但它们都需要基于一个完整的体系，才能被真正地理解和取用，而不是拿一个单一"结论"走，那样并不能真正解决或者改善问题。

在我的理解里，"养生"便是休养生息，把自己照顾好，在合适的时候做合适的事情。在当下的时代中，焦虑和过度消耗已经成为常态，所以养生也是一个迫切的需求，就好像在一个长跑的旅途中，路上总会需要一些补给，需要坐下来歇息，有个人递口水，递口吃的，处理一些状况，等等——这个照顾好自己的人不是别人，正是自己。

很多事情，我们得靠自己去做，而每件事情的背后，都有其来龙去脉和各样关联。所以从对自己负责任的角度上看，我们需要先放下诸如"药到病除"的设想，花一些时间和精力去将生命这件事，了解得更深也更完整一些。

这本小书里集成的内容，如上面提到的，便是我日常与同学们交流的问题，并围绕着这些问题进行短文书写。编辑整理之后，分为了四个部分。第一部分是关于中国传统智慧对于生命和养生的理解与认知。第二部分是关于保养身心我们值得了解的一些基本常识，以及为自己节能的一些建议。第三部分比较具体，我以在中医理论中，五脏中枢纽性的存在——脾为入手处，谈论一些和衣食住行相关的事情。第四部分设置了一个"延伸阅读"单元，延续着前文我对于养护身心的探讨，收录了几篇相关文字，有中医学习的一些心得，也有对艾灸、过敏等生活常见问题的浅谈，以及对于《原则》一书的读后感——由此我们可以看到，虽然在发展中，不同的文化体系有着各自的方向和所长，但一些对生命的理解和相待方式，却是殊途同归的。

另外在一些部分的结尾，我还附上了与内容有关的一些推荐书籍，它们是一种更大的"延伸"。养生是一件需要我们身体力行、不断体验、不断努力的事情，这本小书就像一个引子，希望它所指向的，是我们对于生命更深远也更具体的关切。

我一直觉得，我们的身心就好像一艘飞船，是我们人生这段旅程中唯一的依靠。所以很值得我们分出一些认真、一些时间，去了解它、保养它，让它有元气、有热情，才可以带我们在生命这个宇宙中开心遨游、尽情尽兴。

如上的种种，我很高兴可以与你来分享。希望我们都珍爱自己，保养好自己，有充沛的能量，在这一段人生旅程中，去好好地经历、体验和成长。

约定——请先和我拉个钩

1. 绝不以养生为理由干涉周围的人，包括亲人和朋友。

人有选择健康的自由，也有选择不健康的自由，开心就好。养生这件事需要点道家精神，到该注意的时候，自然就注意了，不到那个时候，不管别人如何说都没用。不如先把精力用在让自己更好上。没有独善其身，谈不上兼济天下。而且很多时候，我们干涉、希望控制他人，有时候是为了转移自己的问题。

2. 在规矩和自在相冲突的时候，试着平衡两者。比如今天实在开心，要晚点睡，那就开开心心地晚睡，明天再早点睡就好了。不要一边睡晚了，一边抱怨自责，这样属于双输。

3. 时刻记得一切已经很好了。我们所努力的一切，只是为了更好，而不是现在很差，要洗心革面、从头再来。所谓无志之人常立志，那样也很难真正好起来。让我们做好自己眼前的功课，快乐生活。

别忽略
心的力量

把"养"这件事，
放进日常必做的清单中

1

"养"的必要性和重要性

对于我们现代人而言，"养"几乎是有点陌生的观念，因为我们都习惯了把自己放在"用"的状态中。

"养"通常有三层含义：供养、培养、修养。供养，指把身体供养好，满足人最基础的生命需求。培养，是像培土一样，增加我们的能量和活力。修养，是在精神和情感的层面予以丰富和成长。它们代表着一种能量的蓄积状态，是日常的准备和收藏，是人面对自己的身体时一种更为主动的姿态。

"养兵千日，用兵一时"，这话我们都听过，养和用，就是"千日"和"一时"的关系。如果没有日常的

"养",战事发生时也就谈不上承担和胜算,以及在没有战事时,也会缺乏构建和享受太平岁月的资本。中医讲究"固本培元"就是这个意思,能量、元气是需要先养好,然后才能拿出来用的。

如今我们都倾向于"用",倾向于结果,喜欢速成,因而很容易忽略"养"的过程。并且在没有什么问题发生,自己的各种事情都能运转的时候,更不觉得保养自己是一件重要和必要的事情,甚至觉得养生是老年人的事情。汽车开一段时间都会去保养,但自己的精气神就好像是从"天上掉下来的",或者觉得那是可以无限量供应的东西,不需要宝贝和保养,只要尽情挥霍就好。

但当我们来到这个世界,外在的种种侵扰以及内在的思虑情绪无时无刻不在消耗着我们的能量。尤其在当今的生活,从对外部事物的接受和承担,到我们需要内化处理的种种,都有着前所未有的密度。在这样的情况下,不知道养护,就很容易来到能量告急或枯竭的那一天,于是就会出现身体状态下了一个台阶的状况,或是长久以来不健康的积习从量变到质变，结出了一个不好的果子，人就会生病。

除了一些突发的意外，我们身体的很多问题，都是来自如上的那些日复一日的损耗。

很多的状况，都不是因为我们运气不好而突然发生的，而是一种有因有果的必然。所以，"避免伤害"和"治未病"是中医养生里的两个核心思路。

前者就是让人知道那些对生命不利的情况，然后去避免它，如果有了相关的不好的习惯，则去进行调整和改变，避免对身体的不恰当使用，从而减少损耗。后者则是可以评估人的状况，有针对性地调整和生活，进行日常养护，从而对现有状况进行弥补和平衡，避免之后可能发生问题。因为一旦发生问题，不管是中医西医，即便可以应对和治愈，这个过程中对人有限能量的损伤都已经发生且是不可逆的。

人的生命状态在不同阶段有不同的特质，也有与之相匹配的保养方式，但并不是只有在年老或身体出现问题的时候，我们才需要"养"，而应将这件事纳入日常，建立起相应的习惯。建立这个习惯的前提，便是去学习一些关于生命运作的基本原理，在这样的认知里，去调整和优化自己的行为，进入一种厚积薄发的节奏，生活本身就是"养"的过程了。

2

元气就如孩子气

当我们谈到养生的时候,我们需要知道"养"的那一个重要的东西是什么。

我们可以把养生的"生"理解为生命、生机、生活。在传统的理解中,这并不是指身体具体的哪一部分,而是运行于其中的一股"气"。那是一种不断更新、变化的力量,推动着生发和生长,于是便有了生机。

用现代语言来解释,这股气即是能量,古人认为它是这个世界上最本质的能量单位。它让星辰按轨道运转,让四季如约轮回,放在人的生命里,便伴随着人生老病死,支持着人一切的生命活动。

中医把这股气称为"元气",也写作"炁"(qì),可以理解为"老天爷"给我们的禀赋。对人而言,它就好像人生这一路里,我们唯一的行囊,其中有什么、质量如何、有多少,关乎着你这一路能走多远以及走的质量如何。

元气体现为什么?我觉得木心先生的一个形容特别好,他说人的元气足,就会非常孩子气。对此大家可以观察一下小朋友的状态,非常天真,对世界和事物保有热情和好奇,情绪流动通畅,并且很容易高兴。比如我和儿子一起玩的时候,会发觉很小的事情就可以让他笑得前仰后合,甚至开心到让人觉得夸张,他可以因为一件小事高兴到不行,而且高兴的状态能持续好几天。

要知道,人的行为和状态是需要能量支撑的。睡得着、吃得香、能思考、能专注需要能量,能高兴、有热情更是如此。同样一件很小的事情,有的人可能根本无感,有的人却可以因此而投入和获得快乐。除了兴趣爱好一类的因素,容易享受日常小事,看似再平凡的日子,也过得有滋有味的人,往往也是元气比较足、生命力比较旺盛的那一类人。

这样的状态，不只对于身体，即物质层面的因素有要求，更体现为一种心理状态。现在，人的衰老通常不是体现在脸上，从现实手段到虚拟技术，我们已经有了各种方式让自己的脸和身体看起来还不错。我们的老，常常是从心开始的。和孙过庭说的"人书俱老"的通达不同，心的衰老会体现为一种麻木和倦乏、对任何事情都提不起兴趣的状态，用流行语来说，就是"丧"。这种状态在很多年轻人的身上都可以得见。

我见过一些六七十岁的老先生、老太太，即便身体的机能已经远不如往昔，但依然对世界充满好奇，每天都特别开心和有劲头。那就证明他们的消耗比较少，元气比较足。所以如果动辄就觉得，自己已经是多少多少岁的人了，老了，什么都不想了，往往都是一种元气不足的外在展示。那个时候，要提醒自己，可能我们并没有那么的"酷"或"丧"，并不是对生活和世界没有兴趣和热爱，而是能量不充沛、不支持了，要注意收藏和养护了。

3

身心一体，
为我们的"软件系统"升级

  身体像一艘小飞船，带着我们的灵魂在地球遨游。我们当然希望和需要把它保养好，让它的使用寿命长一些。但人生即便长过百年，也是很短暂的一段，到底要用生命这段旅程去体验什么、学习什么，带着怎样的经验离开，是养生真正的目的和研究、作用的对象。

  旅程的长短我们可以尽人事，但最终需要听天命。除了时间长度，生命的另一个维度是品质，这个部分，在作为硬件系统的肉身之外，和我们的心神及情志，即"软件系统"的关系比较大。

提升我们生命体验的品质，即"软件升级"，这件事有赖于后天，也就是我们当下的修为与功夫。

我们容易把品质的提升等同于外界物质条件的提升，于是热衷于给"硬件系统"累加更多的资源。但如果积累过度，这些东西往往不能带来真正的滋养和满足，反而容易成为负担。想想看，人在物质层面的向外追求，最终都会体现为精神层面的反馈与刺激。刺激频繁，耐受力就减弱，人会很容易不堪负荷，这常常表现为那种"怎么样都很丧、如何都不安、高兴不起来"的现代病。

我们并非不能追求外在的满足，而是要了解，外在满足的作用是有限的，超过了能够享受的度，就变成了压力与负担。

身心同步、一体的这个关系，很多时候我们都能隐隐感受到，但受限于认知和对很多外在标签的习惯和依赖，我们很容易忽略这些发自本能的感知和诉求。相比起来，婴幼儿就更为天然，身体不舒服，情绪就糟糕，身体好就很容易开心，情感表达非常直接。

当人的"软件系统"缺乏保养与升级，导致心情的压抑不畅达，也会表现为身体的不适，很多的慢性症状都能在情绪积累和性格上找到对应的特征。要知道不适或生病，本质是身体的一种保护反应，也在呼唤和提醒着我们要进行"软件升级"。

不断地学习、经历，吸纳新知

如果说物质是生命的硬件系统，心神是装载在其中的软件系统，那么什么是我们的操作系统呢？其实就是我们最基本的世界观、价值观，认识世界的方式，以及我们与自己、与世界相处的模式。这是最底层的基础——操作系统没有升级，装载什么应用程序、经历什么机遇都容易枉费力气。

所以在吃好、睡好、补充能量这些最基本的维护之外，我们也需要底层觉知的持续进步，这一部分的补养和进阶，便体现在不断地学习、经历，吸纳新知，打磨新的技能，以及对于情志的调节和滋养中。

要知道喜新求变是生命的本质，一旦停滞或陷入对于某些已有的固守，人会进入不进则退的状态，随之而来的便是不如意、缺乏生机和垂老之感。

另外现在普遍的早衰现象，很多都是因为输出大于输入的严重透支。不论是物质还是精神层面的输入，我们都需要依据自己的输出来衡量，按照至少二比一的比例，始终让自己的输入大于输出，至少不能小于它。

关于精神层面的输入，读书是最重要的方法之一。我在暄桐教室书法课上一直强调读书的重要性，也给同学讲读经典，以及分享日常生活中读到的好书。经典之所以成为经典，是因为其中所含有的智慧和见地经过了更长的时间和更多人的验证，所以其中的"营养"是更为充足和优质的。

除此之外也要注意"学习力"的培养。要知道想要为自己输入，和能够为自己输入并不是一件事情。所以除了因为认知到学习的重要性而产生动力，还要有相应的学习能力和方法的升级。并且要把"终生学习"概念放入自己的心中，让这种不断学习、经历的状态，成为一种日常。

如果有的时候,因为觉得自己已经不是小朋友或青年人了而犹疑是否还需要学习,请不要再纠结,告诉自己,任何时候都是需要学习的。学习的意义不在于我们可以取得一个什么样的学习"成果",而是生命需要这样一种不断变化、吐故纳新的状态。

4

诸如写字这样的事

我曾在很多的场合,从课堂、演讲到书中,分享过自己创立教授传统文化和艺术的暄桐教室的原因。

原因大致在两个层面。一是期待分享和沟通。我自小就喜爱的种种,中国传统文化中的琴棋书画诗酒花,富有深远的乐趣。因为自己在其中获得了很多,就会很希望与品质相近、意趣相投的人互为同好、知音,由此大家在一种简单真诚的状态里相互陪伴、共同进步,可以一起读书写字用功,一起看花喝茶赏月写春联。

二是在杂事纷扰为常态的生活中,我无数次地在书写中得到一种扯脱和滋养的感觉。这种感觉,由于对我而言太重要，因此也曾有过很多次的分享：无论发生了什么事情，无论在怎样的焦灼和牵扰中，每当我铺开一张纸，提笔蘸墨，把心和注意力收回到那小小的毫尖上，关注笔墨与纸面的摩擦咬合，完成笔画间的每一个微细的动作，随着笔势往来进入一种自然的流动，心便会随之变得凝聚而平静，整个世界都会安静下来。

我会用"充电宝""后山"来形容这样的给心灵以休憩和凝聚的时空状态。

现在的世界，从外在的海量信息，到我们所要承担的生活诸事，很容易让人在不知不觉间就处于一种散乱或透支状态。我们随之比较关心的是对于肉体的补养，认为所谓的养生，便是对自己于物质层面的给予和补给，而对心的养护很容易被忽略。随着科技的发展，心所要承担和消化的信息，以及随之而来的情绪，都只增不减。

古人说，身心不二，养生即是养德。养生要照顾好自己的品德品行，也就是人的心神状态和精神品质。这是传统智慧看待生命的角度：不是从纯物质的层面来理解，而认为人的心神、精神，也就是我们今天会用心理、灵魂、思想等来代指的那个东西，以及身体里看不见的能量的生灭和循环，对人的生命状态而言，可能是更重要的部分。

因为无法捉摸，所以这听起来也许不那么易懂，但我们大多数人都有过一种体验，便是当自己思前想后、各种筹谋、注意力散乱在外时，即便什么事都不做，也很容易疲乏。如果可以像写字一样，经由一件事情让自己安静下来，并专注投入在其中时，虽然是在做事，却会自然进入安定和踏实的状态。以及如果心中有事放不下，神思不在当下，便会吃不好睡不香，再好的食物和环境，也无法给人正面的补给。

这就是心的作用，它并不可见，我想也是很多人在一天忙碌之后，即便已经很晚，仍然会给自己一小段属于自己的时间，写一页字，或静坐片刻的原因。那种能量被收回来、聚拢一处的过程，会带给人滋养和踏实的感觉。由此也会更有力量去应对和处理外在事物，以及更好地对待自己。而沉淀过后的心，可以帮我们更好地体察和判断。

我在课堂上一字一句地给同学讲过一本《童蒙止观》，它成书于隋代，是世界上第一本系统论述静坐的典籍。其中提到了人要"善用心"，便是说要善用自己心的能量。我们总是处于不同情绪感受中，是因为"可变"是心的一种属性，于是便需要主动地去追求一些转化，即在消耗散乱的时候，在生气和有负面情绪的时候，去主动地进行修养和调整，让它可以常常安住在平静又稳定的状态中。

这样的调整和安定的能力，并非现成就有的，我们需要像练习肌肉一样去练习和达成。比如经由写字、静坐这些日常的事情去建立和养成，而不是被动地等着外界来适应自己。所以如果在一本书中，我们会谈到很多与"养生"有关的事情，我想，不忽略心的力量，是我们最先需要重视的一件事。

📖 本章推荐阅读：

《童蒙止观》

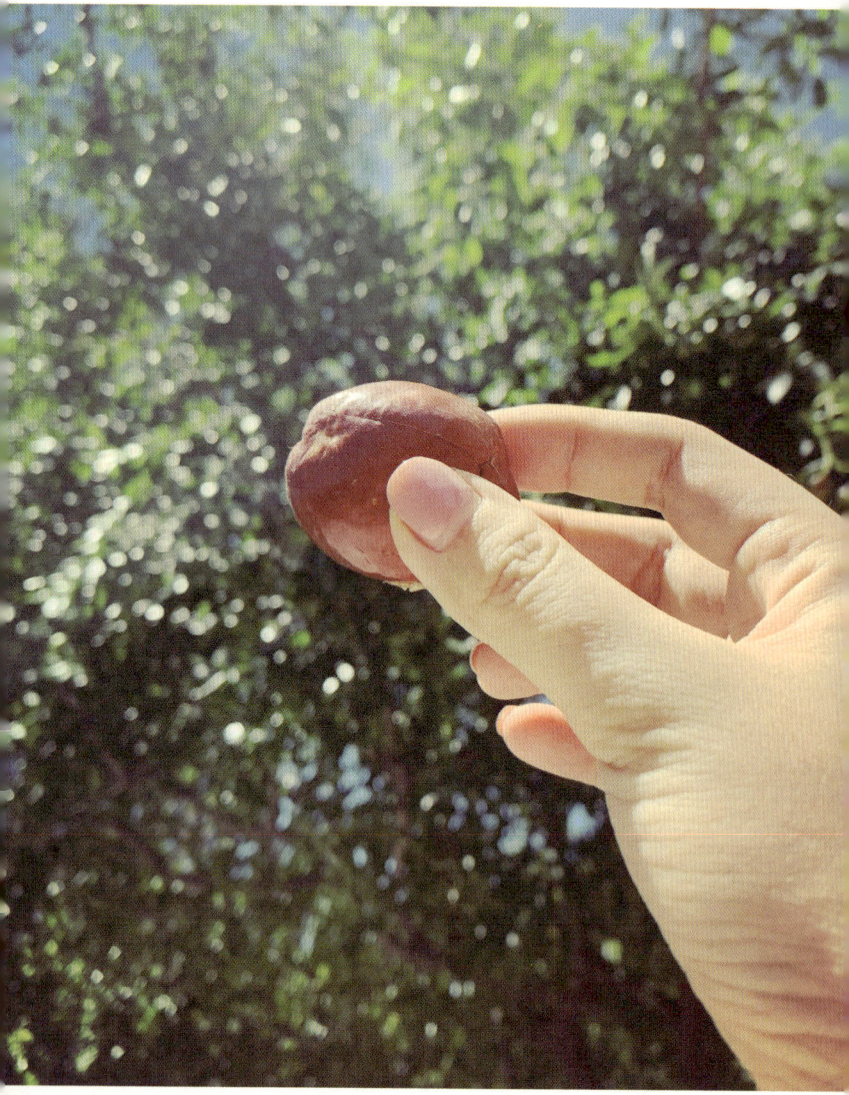

关注身体的同时，
别忽略我们的心

二 中国传统智慧所理解的生命

1

一切如常 ——
经典中所认知的
好的生命状态

古人很少用"养生"这个词,更多的是"卫生"和"遵生"。"卫生"不是我们现在理解的干净,而是对生命的护卫,"遵生"则是说要遵照生命的规律去生活。

无论护卫还是遵照,都意味着我们需要先了解生命的"常态"是怎样的,比起关心脾虚、肾虚、肝火旺这些病态,对常态的了解和依循,是更重要的事情。

人的什么状态是正常的?比如身体基础的新陈代谢,能吃能睡能拉,情绪正常,该高兴高兴,沮丧了也能够过去，能够专注等。而这些至关重要的事情，却是我们日常最容易忽略的部分，我们习惯于把问题推给外界和环境，但实际上是回避了我们自己对自己应有的承担。

关于如常，在《黄帝内经》的开篇就做了很具体的描述。书中，黄帝问岐伯，为什么过去的人可以半百而不衰，尽享天年，岐伯的回答中提到的几个因素，非常具体而日常，总结起来便是：知"道"、法于阴阳、食饮有节、起居有常、不妄作劳。

《黄帝内经》里的"如常"建议：

① 知"道"

所谓的道，就是天地之间，令万物运作的一种力量和规律。我们需要了解它，并且依循这样的规律去生活。

② 法于阴阳，和于术数

生命的规律，可以用阴阳来概括，即世间的一切都处在一种对立和统一的平衡中。有春夏就有秋冬，有白天就有黑夜。你要用，就需要养；要显露，就要有背后的积累和收藏。生命是一个生长收藏的循环。因为这样理解生命，这样去生活，自然就会与天地间那个不断运转的内在的理和规律相合，由此会活得更顺畅，消耗也会更少。

③ 食饮有节

饮食是养生的重要部分，这一句中的"节"字很重要，指的是节制和节律，即知道应该如何吃，哪些东西应少吃或不吃，以及在什么时候吃什么。比如会跟着节令饮食；在吃了一顿很油辣的火锅后，知道接下来一段时间应该吃得温和清淡一些；在喝了冰香槟后，煮一点姜水来温养平衡等，而不是一种肆意的、没有控制和觉知的状态。

④ 起居有常

作息要符合常态，也就是循着自然规律和人的需求而行止。比如冬天不宜太早起,太阳出来再起床;疲惫的时候不要硬撑,先去好好地休息睡觉。还有如苏东坡所说的饿了再吃,饱足之后,便不要再贪食——要经常记得感受一下自己的身体真正需要什么,怎样是舒适而通畅的。

⑤ 不妄作劳

诸如中医里所说的久视伤血、久卧伤气、久坐伤肉、久行伤筋……什么事情都别太过,不要让自己陷入一种长期劳作所带来的损伤中。由此我们的内心需要两种意识:一是节约使用自己的能量,不要习惯硬撑;二是要有调节的意识,比如伏案时间特别长的人,要主动给自己安排运动的时间,去进行对治和缓解。总之坐一会儿要起来走一走,奔忙得太厉害了,一定要给自己留一点静养的时间和空间。

说完以上几点,岐伯说,这样人就可以"形与神俱,而尽终其天年,度百岁乃去"。在中国人的生命系统里，心神和肉体是相互贴合而默契合作的一体，形神同在，人到心到。那种坐时知坐，食时知食，随时都能处于专注集中、敏锐又安静的状态，便是一种和自然大道的贴合，如此带来的消耗最小，人便可以"尽终其天年"，比如"度百岁乃去"。

还需要理解的一点是，所谓的"天年"，并不是一个固定的岁数，每个人的禀赋不同，寿命也会不同。尽终天年，便是好好地度过自己应有的时光，而不是原本能活九十岁，却因自己的无知和妄为，早早地衰竭了。

2

道不在远 ——
从高濂的一天中
学生活

明代的高濂是一位很有名的文人,兼为戏曲家、文学家、杂家,更是一位对于生活、养生颇有造诣的达人。在他所编著的生活方式百科全书《遵生八笺》中,有一篇名为《高子怡养立成》的短文,记叙了他一天的生活,和期间行事的种种讲究,也可以说,是对前文《黄帝内经》中所提到的"如常生活"的一个细化。

有意思的是,很多人第一次看过这篇文章后,看到的是高濂拥有优渥闲适的生活环境,因此觉得似乎并没有参考意义,说没有和他一样的园子,没有仆童服务,怎么能像他一样"遵生"呢。实则不然,抛却生活形态和生活条件的不同,这篇看似是"富贵闲人的一天"的文章,实则是一篇没有门槛的遵生指南,其中高濂的许多作为都可以沿用在现在的生活中。

在暄桐教室上课的时候,我给同学讲读了这篇文章,从中提取出了"普世"的八点,可以看到,它们几乎适用于任何一种生活状况,和外在的条件无关,执行的主动权完全在我们自己的手中。

○┐ 高濂的怡养指南

① 缓起床

高濂起床时,会有一个小小的流程,比如先呵气,按摩自己鼻子、眼睛、耳朵等。简而言之,人从完全睡着的状态到清醒,需要一个过渡,就像一个开机的过程。人还没有醒,身体已经从床上发射到地面,或是突然惊醒,时间长了会伤神。所以醒来不要陡然起身,稍微歇一歇,先让神凝聚,再慢慢活动身体。另外可以把闹钟的声音设置得小一点，或是使用声音渐变的功能。

② 不忍寒

在文中，高濂数次提到了对自己身体冷热寒温的觉察和处理。温足热饮，在中国养生中，保暖历来是非常重要的一点，穿衣服要根据气候寒温酌量增减，千万不要因为觉得麻烦或为了好看而忍寒。

③ 淡饮食

高濂很重视对自己脾胃的照顾和养护，作为五脏中的枢纽性存在，脾胃的重要性会在后文中提到。

味道厚重、油炸煎制腻滑的东西都不好消化，会给身体带来负担，所以要多吃好消化的东西，简单来说，就是食材来源健康新鲜，烹制时调味料较少，对于这一点，常常自己做饭是一个很好的选择。

如果需要吃一些厚重的食物来调剂心情，那么可以安排好比例，比如二八或者三七原则，一周两天吃厚重食物，大部分的时候，吃那些不给身体带来多余负担的东西。在一顿饭的比例中也可以是这样,那些厚重油辣的东西少一点,用来佐餐即可。

④ 多走动

高濂很注意行坐之间的节奏,会让自己处于一种动静间的平衡中。现在的很多工作都需要长期伏案,如果是这样,要提醒自己,每隔一个小时就起来转一圈,使血脉通畅。如果条件有限,在屋里走走、活动一下也是好的。

⑤ 坐定神

在事情的间隙中,高濂会让自己"宁息闭目,兀坐定神"。

沿用到现在的生活节奏中,我们更应该时常让自己从事情中抽离一阵,比如放下诸事,闭目休息,定一定神。如果时间不充裕,哪怕是十秒钟,让心神有一个安静、聚拢的机会,都会给人的状态带来安抚和补给。(休息的时候不要看手机,它会让人更加散乱。)

⑥ 欢就事

"就事欢然"是这篇文章中很重要的四个字,也是高濂的一种处事的原则。他说要带着高兴的心情去面对事情,不要因为一点小事就动气,也尽量不要"嗔叫用力"。大怒大吼往往对事情无益,也给人带来气滞和消耗。学习、工作、家务,和小朋友相处,带着正面和高兴的心情面对,会让消耗最小,也是让事情顺利进行和变得更好的要领。

⑦ 谨言语

谈天可以抒怀,高濂的建议是,说闲散话时要少谈论是非、权势,也不要老盘算着可以从闲聊中得到什么,由此令人放松抒怀的谈天,也不容易变成劳累和消耗。

⑧ 睡无事

高濂认为,睡得好的要点是心里无事:"心头勿想过去未来,人我恶事,惟以一善为念。"牵绕在各种事端中，会让人心绪不宁，也会让精神在不该振奋的时候振奋。对此，临睡前的静坐是很好的安眠方式。

在文章的最后，高濂说："此吾人一日安乐之法，无事外求之道，况无难为，人能行之，其为受福，实无尽藏也。是非养寿延年之近者欤？毋以近而忽之，道不在远，此之谓耳。"——文章中所列举的，是他的一日安乐之法。这些事情，不用外求，人们都可以做到，生命的生机和福气，延年益寿的方法，就在生活的这些点点滴滴中，做好它们，便有无尽的受益。

"毋以近而忽之，道不在远"，这句话很值得我们记住，由此不要假想诸如"起死回生""药到病除"之类的神奇，把眼光和作为，投向生活中那些平凡和日常之处，那是对于我们的生命最为真实而有益的贡献。

3

生命不是纯物质化的存在——曾国藩的"续航"指南

曾国藩一直承担着内忧外患的压力,他的身体状况一直不太好,常年处于"不在愁中即病中"的状态。作为一位身担重责的"资深病人",在处理身心方面,他有着很多的贡献和成就。在他的很多书信中,都谈到了怎么治病、怎么生活的话题,比如他曾对自己的儿子说:"养生以少恼怒为本,又尝教尔胸中不宜太苦,须活泼泼地,养得一段生机,亦去恼怒之道也。既戒恼怒,又知节啬,养生之道,已尽其在我者矣。"

意为养生须少恼怒。苦乐是相对的状态,人心中的很多苦，都是因为对外在或自己期待太高，过于贪求和苛刻，便会陷滞其中，于是辛苦，也阻碍了生机。因而他认为少恼怒少耗散，便是很好的养生举措了。

关于身体已经出现了问题，人不够健康但还能持续着正常运转的这种状况，对曾国藩来说应该是非常熟悉的事情，他说之所以如此，通常是有两种情况。

一种是"以志帅气"。这种情况是以较强的意志力调动能量，由此可以进行一些管理和调整，让气血一直处在比较活跃的状态。比如早上赖床，可以用意志力强迫自己起来，如果心思散乱，便可以让自己去端坐凝神，主动地收摄和补给，由此可以让自己处于比较正常的运作中。（《黄帝内经》里说，人要"志闲而少欲"，就是说我们不要让自己的意志力处于稀缺和枯竭的状态。当人过度使用意志力，而不是能量的自然生发时，身体消耗的代价会很大，也会让我们在需要以"志"来帮助运转的时候，没有储备可以使用。）

另一种是"以静制动"，指的是更差一点的情况——"久病虚怯"，他说这时要做的是"将生前之名，身后之事，与一切妄念，扫除净尽"，把名利和与当下无关的东西都抛诸脑后。当人把多余的念头和情绪清除，不再涣散和消耗，让自己处于一种恬淡宁静的状态时，便会"真阳自生"，能量便会慢慢地开始蓄积。

我们会发现，作为一个有最好医疗资源和丰富知识储备的古代士大夫，谈到对身体的保养时，重点不在吃喝，更多涉及的是心理和精神层面的作为。

这并不是说肉身不重要，而是我们太容易把人的生命纯粹地物质化了，常常忽略身心是一个整体这件事。比如一个东西吃下去，需要经过身体运化代谢，转化成能量，才能为我们所用。我们往往会关心这个东西是什么，但对于它是否适合自己，以及这个过程如何运作，能量以什么样的形式体现等，都不太了解和关心。而曾国藩的体验和见解，则指向了人的一种平衡，知道肉眼能看到的不是全部，因而不会陷入对肉身的无限关注与执着偏颇，知道对生命而言，还有重要的"心"那一部分，在作用和引领着。

4

我善养吾浩然之气 ——
孟子的"特长"

在《孟子》的《养气章》中,公孙丑问孟子擅长的是什么,孟子说:"我知言,我善养吾浩然之气。"意为自己可以分辨言语外的意思和动机,不会只依据事物的表象而消耗自己,且善于养护自己的浩然之气。

关于什么是浩然之气,孟子说,这不容易描述,它至为广大和刚健,需要以中正平直的心去养护,它充盈在天地之间,并且与道义相匹配。为什么它重要?"无是,馁也"——如果人没有它,就会心中空虚,能量不足。

对此孟子的解释是:"行有不慊于心,则馁矣。"如果觉得自己做的事情不能令内心欢喜满足,便是心虚气馁。这一点很好理解,每当行为不符合道义,或与事情该有的样子不符合,人的内心便会不安,压力与心虚会带来萎靡、消退或空乏的感觉。

⁃ 做正确的事

自古以来,中国人都认为人和自然是合一的,除了物质基础,生命的能量与充斥于天地之间的正气同为一物。这一股正气令万物运作、世界运转,当人可以打开自己的心灵,祛除执念,不局限在自我的得失中而跟上这个节奏时,便可以与天地相沟通往来,顺势而为,由此便拥有了更为长久和持续的力量。

浩是宏大,然是天然,中医养生讲求的"正气存内,邪不可干",便是源于这样更大的支持,也强调在生命、物质之外的精神力量的重要性。

自古以来,很多人都在提及这样一种存在。比如苏东坡说,人间一切的富贵智勇在这样的存在面前都是失色的,并且它"不依形而立,不恃力而行,不待生而存，不随死而亡者矣"。包括南北朝时的禅师傅大士所做的偈子："有物先天地，无形本寂寥。能为万象主，不逐四时凋。"这是认识到了那种超越人类认知局限的力量，它没有形象，但却是万物运作背后的主体，它不会随着四季的生长收藏而发生和凋亡，而是高于这些，是一种更为宏大和高级的能量来源。

可能你会觉得这有点玄，事实上，对于自己看不见，或是认知经验之外的东西，我们会容易觉得玄。但这件事是可以感受到的：当我们的心中，只有眼前的那一点事情，只想着个人一时的好坏得失时，会容易紧张。但如果对我们而言，有一些更大的存在，比如某种价值观、信念，甚至是某种信仰，人会比较容易活得通达和开心，也会容易活得安定而自足，不会轻易被左右和影响。

关于对"浩然正气"的持有和养护，我想起稻盛和夫所讲的那一句"作为人，何为正确"。可以多想想这件事情，即在一时的得失之外，什么事情符合"道义"，不会让人心虚和气馁，可以一生为之付出。

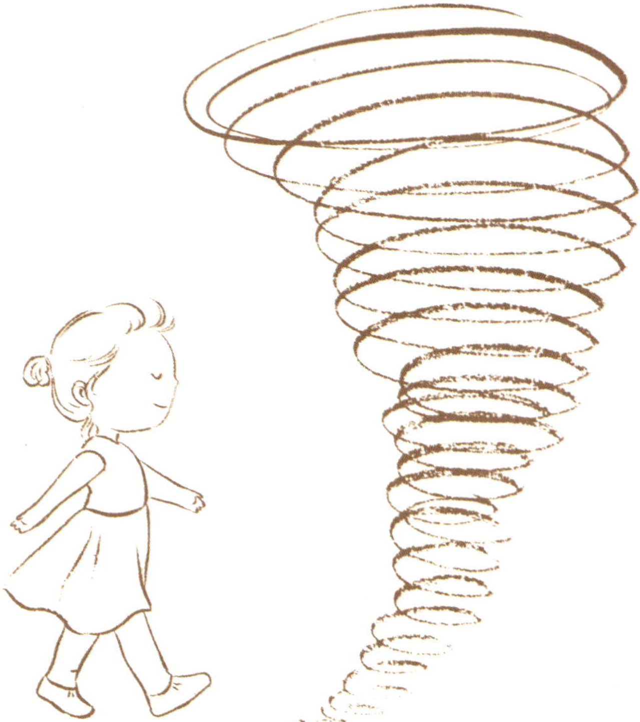

5

不辞飞沙走石 ——
苏东坡的叮嘱

《东坡志林》中，有一段苏东坡写给他的弟弟子由的文字，谈论的是如何修养，核心是四个字：但尽凡心。尽凡心的目的，与前文曾国藩所体悟的同为一事，便是为了祛除烦恼。这就好像有眼疾的人去除了眼中翳障，蒙尘的镜子被擦净一样，当烦恼祛除，不用外求，我们便已经是圆满快乐的。

但如何尽凡心、除烦恼，苏东坡说，不能因此将自己置于一种无知无觉，或完全清净、与世隔绝的状态中，人的这种状态与土木、睡熟中的猫儿狗儿是没有差别的。这样的修为和进步，应在红尘俗事里，甚至就在飞沙走石的烦恼中。

他说在写这段文字的时候，墙外有一对夫妇正在互相殴骂，"詈声飞灰火，如猪嘶狗嗥"。状态一片混乱，但他却觉得有"一点圆明，正在这猪嘶狗嗥里面"，因为"寻常静中推求，常患不见，今日闹里忽捉得些子"——平日里，无事时，去思索和探求，未见得有领悟，往往是在一片混乱中，在切身的体会里，会明白一些。

记得有一位同学和我说，身体出了一些问题，才觉得过去最平常的生活就是幸福。这样的情况其实是我们的一种常态，总是在亲历一些重大事件后，得到省悟和启发，由此才开始寻求变化。

世界和人生，原本就是清浊一体、飞沙走石的。不在其中而存有的那一份清净，往往是自己创造出来的某种假象。只有与一切的混乱、不如意贴身相处，忍受过、共存过，甚至付出了很多代价去经历和试错，我们的所得才是真实的，才有得到觉悟、祛除烦恼的可能。

所以每当生起一些诸如等我有时间了、有钱了、老了之后，就如何如何的设想时，要提醒自己，这大约就是一种幻想或者逃避，要知道我们真正能够把握的只有当下。

大隐于市，小隐于林。尘世中的种种，于我们而言，都是练手的材料，烦恼即菩提，没有烦恼，就没有提高和长进的可能，又怎么会得来觉悟的甘甜和圆满呢？

本章推荐阅读：

《遵生八笺》

《孟子》

《曾国藩教子书》

《东坡志林》

《老老恒言》

来自古代达人的养生指南

一、我们的大方向

1. 养是十分重要的事

有显露,就有背后的积累和收藏;有用,就需要有养。把对自己身心的养护,作为生活里必做的事情。

2. 按照规律生活

去了解自然运作的规律,知道自己是其中的一部分,由此依循而生活,顺势而为。

3. 做正确的事

做那些让心里安定踏实、可以生出欢喜的事情。

4. 在红尘中进步

不妄想一个绝对理想、没有烦恼的生活状态,尘世中的种种,都是我们练习和进步的契机。

二、日常中，好好照顾自己

1. **起居有常**

    跟着自然行止作息。比如冬天不宜太早起，太阳出来再起床，春夏则应早起，等等。

2. **缓起床**

    不要刚醒就猛然起身，给自己一个"开机"的过程。

3. **食饮有节**

    跟着时节饮食，以干净、温和、清淡为主。在吃了厚重油腻和生冷的食物后，主动地平衡与调节。

4. **动静结合**

    无论是体力劳动还是伏案工作，都不要在一种状态中持续太久。要动静结合，针对自己的情况去调整和平衡。

5. **定定神**

    忙碌中，要给自己一些时刻，用于歇息和定神。

6. 及时增减衣物,不忍寒

要根据气候、温度的冷暖酌量增减衣服,尤其不要忍耐寒冷。

7. 欢就事

带着高兴和正面的心情去面对事情。

8. 谨言语

聊天少说是非和利益,由此得到真正的放松和抒怀。

9. 睡无事

睡觉时,放下种种杂事。睡前静坐是帮助安眠的好方法。

10. 不忽略日常小事

做好生活中的那些日常而平凡的点点滴滴,可以让人无限受用。

三、身体不好时

1. 以志帅气

以意志力调动自己的行为,催动气血循环。

2. 以静制动

减少欲望,扫除妄念,人在安宁平静中,能量会慢慢聚集、生发。

玄妙
識 建 模
代 視覺

我ふ吧! 愛死你

□
建 斷續交錯
看不見的用筆也

找到让你专注投入，
不计得失的那件事

管好
自己的事

三

除了自己，谁都无法真正为我们的生命负责

1

效仿滴水穿石的力量

"养生很好，但是那么多清规戒律我做不到。"你是不是也有这种想法呢？

养生本就是为了活得更舒服些，并不是要和自己过不去，更不是和别人过不去。但为了长期活得更好，我们可能需要牺牲一些即时的享乐，本质上也是一种延迟满足的能力。

任何事情都有一个合适的度，平衡好健康生活和享乐之间的关系，是养生习惯养成的关键。我觉得窍门之一，就是在最初的时候，给自己设定一个试验周期。

任何一个习惯，都可以短期尝试之后再做打算，也是对自己很好的保护。人云亦云，未经亲身实践检验过的东西不一定适合自己。人和人之间有很多差异，跟自己的身体好好相处之后，身体和习惯会达到一种平衡，这才是自然之道。

我曾经告诉一个喝水都胖的朋友少吃生冷，她是水果的狂热爱好者。我说你抱着尝试的心态，给自己三个月的时间，尽量少吃水果少喝冰水，甚至可以先停一停，看看会不会有改变。三个月少吃，人生不会有太大的损失，自己也不会有很大的反弹情绪。

很多时候一种报复性的反弹，都是因为一想到未来的人生中，不能再做某件事，仅仅是想到这里，就有一种强烈的叛逆情绪生成了，禁忌很多时候就变成了更大的诱惑，变成需要吃好几个冰激凌才能缓解的焦虑。

后来这个朋友说，三个月后她确实觉得身体状态有了很大的改善，吃水果变成了尝鲜，这样反而更珍惜入口的那点美味，充分享受，更加美好。

就是这样，我们并不是要跟自己过不去，不要积累负面情绪，这和养生的初衷是南辕北辙的，但身体又需要合适的养护自律，找到一个适合自己的平衡度，需要和身体相处的智慧。

早睡早起也一样，偶尔一天睡晚了也没什么关系，我们不要本末倒置，把方法执着成了目的。比较容易坚持的方式是，给自己一个渐进的比例，比如先从每周三天早睡开始，然后变成每周五天早睡，逐渐让身体适应，相信我们都会爱上早起的神清气爽。

运动也同理，从完全不运动，到每周先尝试一两次，再到三四次，给自己一种稳定的节奏，比突然狂运动伤着了，然后再也不碰要强很多。

依此类推，如果想养成一种习惯，就要从习惯当中获得好处，然后自然会慢慢趋近这种习惯的养成。做什么事情都把眼光放长远一点，抱着尝试的心，慢慢来，这样就不会生成一些挫败和逆向的情绪。

读书也是，写字也同理，养成一种节奏，缓慢积累，成果就可以滴水穿石。

2

对你而言，什么更重要

曾经有段时间，我在中医老师那里跟诊学习，有位生活优渥的姐姐来看病。看诊后，休息聊天，我和她说，你要吃好一点，所谓的好，是多关注自己身体的特质和需求，但她可能误认为我说的好，是要滋补（中医的灵魂是辨证论治，没有辨证的基础，不要随意滋补，饮食以平和均衡为好）。这位满身珠翠的姐姐跟我抱怨说，现在虫草和补品都太贵了，吃不起了。

我最初以为她是开玩笑，多说了几句，发现她真是这么认为的。当时我被这"神奇"的价值观弄诧异了，她的鳄鱼皮拼色包包十几年前就足够买像一座小山那样多的虫草、人参了。

我说起这个小故事，不是要说虫草、人参多重要，而是想说，愿意把时间与金钱花在哪里，是由你觉得什么对当下的自己更有价值决定的，并不是单纯由你拥有多少决定的。

我们大概都知道自己拥有多少可用的金钱，但是很少知道自己有多少可用的时间。

物以稀为贵，可能眼下你觉得用时间去换金钱是"不得不"，或者是一种惯性的选择，但无论如何，金钱的稀缺性是不能跟时间比的。

一个是可再生，一个是不可再生。所以，你愿意在哪里大方，在哪里小气呢？我的建议是，我们还是要在时间上小气，这样才能看见自己的时间都花在了哪里，才好节约出来更多的时间成长、滋养自己。

很多人对物质、对外界的可看见层面，都比较舍得付出，但对可转化成不可见的精神层面，就会觉得不那么重要。

就像有些女生可以眼睛都不眨地花很多钱买个包包

（或她觉得重要的其他东西），但是吃一顿好点的饭，或者给自己的心灵来点滋养，学习点知识技能，就相对犹豫计较了。

每个人都有小气模式和大方模式，这种相对固定的模式，假以时日会塑造你的人生。并不是说不能买包包，而是那些我们认为更有价值的，就会生成自然的优先级。

比如，<u>我的养生优先级一定是让肚子先吃好，再让大脑吃好，最后让心灵吃好</u>。

身体需要好的食物以供休息和运动，大脑需要好的信息更新，心灵需要智慧、情感、体验。这些营养都充足，就供养出一个好的生命状态。

我们往往对升级成长有种立等可取的心急，但是对在各种不必要的地方消磨时间又有出奇的耐心和大方。

这和我们的"心智操作系统"有关：

价值观不清晰，会导致需求错乱。软件开发的第一步是写需求——而我们到底期待一个什么样的人生，会直接导致我们的操作系统和应用的生成，当然也直接影响了你保养与维护身体这个不能更换的"硬件"的方式。

3

珍惜与护持，是我们能为自己的身体所做的最好的事

有的时候，某些人把很多东西都寄托在了科技上。相信科技等于不死灵药，比如再过多久人类就可以战胜一切疾病，以及植入芯片就能更换大脑记忆等事情，其中不乏身体已经亮起红灯，对自己的健康充满担忧，但什么改变都没有做的那一类人。

人的能量不够时，总是会希望有可依赖的外力来帮助自己。但实际上，除了自己，谁都无法真正为我们的生命负责。

我们都是赤裸裸地来，赤裸裸地走。这个事实每个人都得接受。而无论是中医还是西医，对很多疾病的治愈率都是有限的。所以多花点时间保护好身体，不要让身心问题积累到不能收拾的地步是我们自己的本职。

电影《阿丽塔：战斗天使》里，可以随意为客人维修、更换机器身体的医生，对来自更高级文明的阿丽塔说，"你要好好小心使用，保护你的身体，出了问题我可修不了"。

这是整部电影里我最喜欢也最受触动的部分，寓言般地表达了人类的困境。我们期待可以通过交易来解决所有问题，但凡是最重要珍贵的，往往无法购买和更换，只能珍惜护持。我们多少都有些觉得能随意控制甚至改变自然的幻觉，但是面对人自身，其实我们还有一万个未知，能作为的也太有限了。

自然有它的生克平衡系统，人类在局限的视角和私心下做的越多，埋下的危险种子就越多。科技是工具容器，不能解决内容和目标的问题。我们只有学会敬畏自然、敬畏未知，才能谦虚谨慎地进步和升级。

读读历史，人对自身问题的逃避，对永生的幻想，从古到今换了无数种方式，无外乎都是想借用灵丹妙药，让所有问题一笔勾销。

子不语怪力乱神，佛陀说他不讨论人有没有来世、世界的有无。当然不是说他们没有智慧去讨论。要解决问题和取得进步，只能把好高骛远、空谈形而上的习气杜绝掉，把极有限的能量聚焦在当下，就地做起，才能有一线生机。

4

中医式的思路

因为中医有个"医"字,所以每当说起中医,我们那已经被二元对立驯化了的大脑的第一反应就是"病"字。

其实不论中医、西医,生病了才去就医都是在被动应对和处理,一旦遇到大病,这种"被动"的情况尤为严重。

有一次,我和徐文兵老师说:"徐老师,让您用一句话来谈一谈中医,您会说什么?"他说:"我就说一句,我们中医是有神论。"这个"神"指的是我们内在的精神,它对我们身体的状态有着很大的影响,甚至是主导的作用。

这句话说得非常非常高明，已经能把很多人的疑惑解决掉了。因为如果从纯物质的角度来解释和学习中医的话，那基本上是非常费劲的。

什么叫纯物质？就是所谓的眼见为实。所谓的细化和分析就是眼见为实，中医不是这个路数。

举个简单例子，大家在各自的岗位上，或多或少都会牵涉跟管理相关的工作，也就是"管人"（在家里管小孩也是管人）。你会发现，一个公司、一个部门，出现比较严重的问题，看起来效率最高的办法，好像是解雇相关的人，但这种方法看似直接有效，却后患无穷。

比较理智的方法，应该是第一时间分析原因。有时候问题也许并不是出在这个部门、这个人本身，一个组织是一个相互关联的有机体，问题的产生往往牵涉多个环节，其中有内因也有外因。通常是内因积累到一定的程度，碰到外因介入，问题便随之爆发了。

我们的身体也是一样，当我们过分强调外因的时候，往往就会采取简单粗暴的做法——从扁桃体、盲肠到子宫肌瘤等，认为切了便可以从根本上解决问题。这个思路就和"一个部门出问题后把人辞掉"的做法一样，看似有效率，但是我们不知道后患在哪里。别说是对整个身体，就是对单独的器官来讲，也是不负责任的。

这和做管理也很像，遇到问题，应先通过分析找到主要原因——内部原因和外部原因是如何相互作用的。通常有两种思路。

第一种方法比较简单，就是换岗位，把其中出问题的人安排到适合他的地方，尽可能地使其发挥所长。

人本身并不具备绝对的好坏属性，没有天生的坏人，同样也没有天生的好人，人都是善恶兼备的，看我们用在哪儿，以及有没有创造一个好的条件去启发善的种子。这就像中医讲的"化痰"，如果能让痰湿化开、流动起来，它其实就是人体中的水分能量、气血津液而已。

第二种办法稍难一点，找出处于矛盾爆发中心的那个人，解开他的心结，让他能够放下执着，重新面对工作。可能都不需要挪动，就在原地也能改善情况。

从中医角度来说，这种方法比较接近于"至神"，就是更直接、更精准地去处理问题，动静可能非常小，但是很有效。

5

现代人的养生问题

现代人的养生为什么不容易养好？一个主要原因是我们对有形的物质太敏感了，而对无形的能量又太不敏感。

○┑ 你的粮草够吗？

以物质来说，大家对钱最敏感。很多人都是这样，请他帮帮忙、做做事，他可能会很热心，然后一说要拿钱的时候，可能就十分为难。这便是我们对钱的控制欲和保护欲太强的缘故。其实，我们何时把能量看得跟钱一样重要的时候，一切就豁然开朗了。更何况放在整个生命的长度上来看，你的能量要比钱珍贵很多。

只要有能量的推动、有阳气的消耗，就需要消耗你的物质基础。就像你要创业做一件新的事情，要准备相应的钱，就像庄子说的，我们出行三个月要集三个月之粮，最好是所谓的厚积薄发，你积十分花五分，这就最好了。

问题是为什么现在我们不能养生，或者说为什么养生养不好呢？就是因为大家又想做这个，又想做那个，梦想有一堆，但是从来没有想过你的身体——你来到这个世界唯一的本钱，有没有做好相应的能量储备，能否与梦想匹配。

当我们将本钱投入到新做的事情里，如果这个事情在正常运转，那么它本身就会赚钱回来存着。这就相当于春夏秋冬生长收藏的循环，就是能量进入循环，消耗了之后，从激发到调度、使用，最后到收藏的过程，这也是一个不断累积的过程。但是现在的人基本上并不收藏，对自己的护养也不足。

现在的病特别难治，要比张仲景时期的病复杂太多了，古代没有那么多"作"的条件，现在就是各种折腾，比如夏天吹空调，冬天去过于燥热的地方，现在有许多三四十岁的人过劳，原因多半都是只想着我要怎么样，而没有考虑过积累"资粮"这件事。

其实我们会发现，当真正地进入到中医的世界以后，对待很多事情，反而不再那么心急了。因为我们已经坚定了一个信念，就是在积累足够的资粮之前，先不做这件事，做了也是徒劳。

我们总是在"我想干什么"和"我能干什么"之间矛盾徘徊，网上常说，心有多远人就能走多远，其实不是的。真实的情况是，粮草有多少我们才能走多远。

⚬ 徒劳操心

人到中年，想学中医多半是为了家人和自己的健康，身体就像一辆孤零零地来到地球上的车，在毫无维护和造作的情况下跑了这么长时间，也"该"出问题了。

出了问题自然想要解决，但有时求助现代医学，会遇到自己的问题属于原因不明的情况，没有直接有效的处理方式。后来发现中国的传统中医对待一些"原因不明"情况是有些办法的，便多少抱着一种希望遇到神医，以及渴望对自己的身体洗牌重来的想法，希望借助中医能够一次性把问题解决，重新做人，但这也是很不现实的。

另外，很多人在学养生、学中医之前还挺正常的，一旦学了中医之后就变成了手电筒和录音机——手电筒是光照别人不照自己，录音机是反复重复播放一段语言。这都跟"小我"有关，就是有一种认为自己比别人更高级的想法，觉得自己有指导他人的权利。对此我的观点是，不管是否学中医、学养生、学书法，这些都不重要，重要的是我们要成为一个可爱的、不招人烦的人。从我们的观测点上收集到的地图是站在我们自己的角度的地图，不代表别人的就是错的。并且，每个人的人生成长轨迹都是有顺序的，不能要求他实现跨越式成长或颠覆性改变。

曾经在课上，有位同学对我说，老师，你让我们不管其他人我能做到，但是我一看见儿子喝冰的，就控制不住要管。我便问她，你指责他，他听你的吗？不听。这就是了。

对于这位同学的儿子来讲，他还没有到需要养生的这一步，提前告诉他是没有用的。就像我们小时候，父母、祖父母也同我们说过很多有用的话，但是不经过自己验证、没吃亏之前，那些话根本不起任何作用。

对待父母也是一样。很多人在同父母交流后会感到精疲力尽，这是因为明明知道有些话跟他们讲上一万遍也是没有用的，但是依旧不愿意放弃。对此我的想法是，我们只要让父母高兴就可以了。

父母们六七十年甚至七八十年的人生经验已经将他们塑造成形，作为子女，我们的义务就是让他们开心，而不是去改变他们、控制他们，逼迫他们按照我们希望的方式活着。只要想明白了这一点，一切事情就都解决了。况且如果我们说的是对的，父母会慢慢去体会，最后反而不对抗了。一味地争执只会使他们像小孩一样，产生逆反心理。

其实中医是道家的学问，道家的基础精神是什么？就是好的会自然好，差的会自然差。想使我们的介入改变结果，也非常困难，所有一切都只是种子，要等到最后成熟的那一刻才会起作用。如果能保持这样的心态，那会省去五六成的烦恼。

事事关心，除了自己

很多人一说到中医就是养生，提到养生，第一个问题就是养生该吃点什么，这是属阴的层次，而中医更看重的是其背后更深的层次。就像我们写字一样，落在纸上的字其实是由看不见的空中动作决定的，你的有形的生命也是由你看不见的、无形的能量和"神"的这个层次决定的。

《千字文》里面有四个字"心动神疲"。神是如何疲劳的？是因为心跑出去了，人整个是散的，家事国事天下事，事事关心，就是不关心自己。

如今网络通信太过发达，信息更新太快，以至于如果我们每天不知道点新的东西，就会开始恐慌了。但要知道，即便是了解一个跟自己完全无关的新闻，也是需要消耗能量的。不是说关心某件事不好，而是我们的精力有限。

就像去商场买东西，谁都想进了店就随便买，可关键是，我们的信用卡有那么多的额度吗？

如果我们能够像花钱一样来考虑我们的注意力和精力该如何分配，多将精力花在自己身上，能量存得住，身体才会慢慢地越来越好。

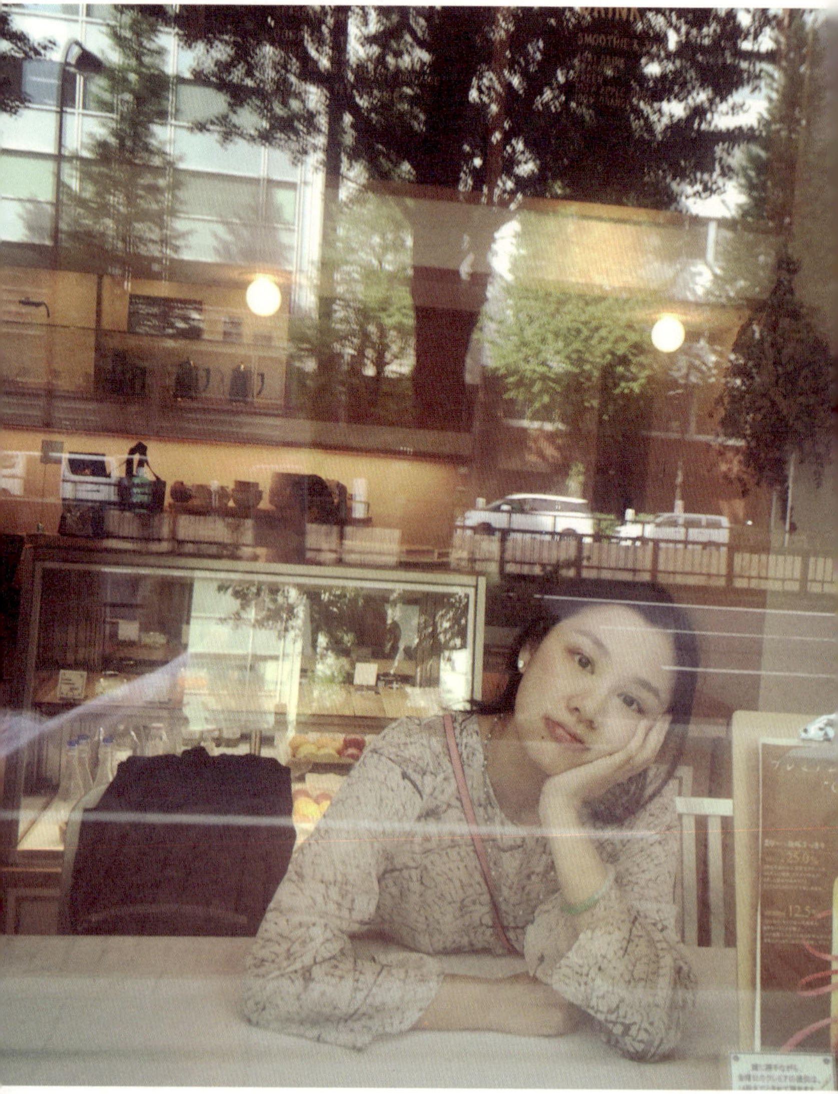

穷则独善其身,
达则兼济天下

四

古人关于
预防生病的建议

1

中国传统中
关于健康的三个基本条件

人的能量比较像煤气罐，我们通常总是觉得这个煤气罐特别满，或是根本就没有相关的意识，一直放大火狂烧，于是坚持不了太多次煤气储量就不足了。这也是不少人还处于青壮年的阶段，就因为气血的过度消耗而身体较差。

反而往往是那些觉得"煤气"存储不足，总是省着用的人，能用得比较久。这也是民间会有的一种现象：一些经常生病的老太太反而能活得比较久，就是因为她们特别在意、特别珍惜自己身体的缘故。而有些平时自认为身体比较好的人，不注意保养，当积累到一个时间节点时，身体素质会出现断崖式下降。

所以我们不能一边恐惧生病，一边又不关心自己的身体，不做出相应的举措。关于应该如何对待我们的身体，《黄帝内经》中给出了很好的建议："夫上古圣人之教下也，皆谓之虚邪贼风，避之有时，恬淡虚无，真气从之，精神内守，病安从来。是以志闲而少欲，心安而不惧，形劳而不倦，气从以顺，各从其欲，皆得所愿。"

书中说，古时那些了解天地之间的规则、法则的圣人，都是这样教导我们的：

"虚邪贼风，避之有时。"

"恬淡虚无，真气从之。"

"精神内守，病安从来？"

这三句话，便是人养生、不生病的三个基本条件。

○ **"虚邪贼风，避之有时"—— 警惕那些偷盗能量的"贼"，学会"避"**

"虚邪贼风，避之有时"，说白了就是三十六计走为上计，要会"躲"。

这句话的意思是，我们要尽量避免外在自然环境的伤害，也就是平时注意不要着凉、要躲着窗口的风之类的，但其实这句话没那么简单。

"虚邪贼风，避之有时"的核心，就在于"贼"和"避"两个字。

贼，顾名思义就是偷东西的人，这里说的"贼"，偷的是人的能量。

没有一个贼会在自己脑门刻上"我是贼"三个大字，所有贼都是偷偷摸摸的，关键是我们能不能认得出来它，就算躲也要知道该躲谁。所以这句话的难点在于，大家都知道趋吉避凶，但关键是"吉"在哪儿，"凶"在哪儿？这两点不知道，容易瞎躲。

可以思考一个问题：外贼比较难防，还是家贼比较难防？人们肯定会脱口而出——家贼难防。

对我们而言，所谓的"贼"，很大程度上是指身边那些在消耗自己能量的人和状况。从人的角度，他们本身能量匮乏，要从你身上获取能量，这种人在生活中，尤其是周围的朋友中是最多见的。

可以回想一下，是不是某些所谓的闺蜜、朋友，约你时你会觉得不见不合适，但每次见完面又会觉得好累，满身的负能量？这就是因为你把自己的能量全都哗哗地流给他（她）了，然后回来觉得胸口好虚，恨不得要躺两天休养身体。这个时候就应该反思了，为了自己，你躲了吗？

另外，一些自己目前并不胜任的状况也是"贼"。强揽或强上，需要调动甚至透支大量能量去应对，这样的情况，往往是消耗了自己，事情也很难尽如人意。

我们一听到"贼"字，首先会想到的就是"我要防贼"，但其实遇到贼后最重要的一点是要脚底抹油——躲。如果直接冲上去赤身肉搏，争个你死我活，那你就会和这个"贼"产生更多的羁绊，能量也会流失得更快。

这种躲避是很不容易做到的，因为首先得放弃二元（自己和"贼"）对立里胜利一方的角色，不要执着于战胜对方。放不下对错输赢，就做不到"虚邪贼风，避之有时"。

○— "恬淡虚无，真气从之"—— 一种满足节流的状态

为什么《黄帝内经》讲"虚邪贼风"，而不是"贼寒""贼暑""贼湿""贼燥""贼火"(风寒暑湿燥火)？为什么偏偏是"贼风"？就是因为"风"控制的是情绪。人的能量、真气是以什么形式被偷走的？便是从负面的情绪渠道中。

所以，当我们面对爱人、孩子、父母、朋友或者不熟悉的人时，如果发现自己有多余的情绪——无明火，那就要体察一下原因了，为什么能量始终在哗哗地敞开大门往外泄？这就是没有做到"恬淡虚无，真气从之"，也就是没有去节流。

人的真气和能量是从哪儿来的？就是从恬淡虚无的状态中获得的。

所谓恬淡虚无，简单来说就是无求。只有当人没有目的、没有强烈的欲望，以及没有某种一定要被满足的需求的时候，才可能获得恬淡虚无的状态。

无欲则刚，一旦有求于人，我们就会发现自己比对方矮了半截。有一句俗语叫"人不求人一般高"，意思是在不求人的时候人和人是一般高矮的，不论是谁，一旦有求于人就要矮上一截，矮下去就是能量弱了。所以首先要做到"无求"，才能够持有和得到能量。

当然，这其实也是一件有难度的事。

人一上来就说自己无欲无求，这是不可能的。只有把自己的基本需求满足的情况下，才有可能达到"恬淡虚无，真气从之"的状态。所以要做到这一条，关键就看我们的基本需求是如何设立的。

事实上，现在很多人并不了解自己的真正需求是什么，总是把别人的需求当成自己的需求。如今的社会价值观会带给我们很多需求，比如二十岁要干什么、三十岁要干什么、四十岁要干什么；比如我们要住什么样的房子、开什么样的车子；还比如孩子要上什么样的学校……要知道，这些都是社会带给我们的需求，而不是我们自己的需求。

自我的需求其实就是吃、喝、拉、撒、睡这些基本的事情，加上精神上有滋养，永远有好奇心。后者是说有新的事情发生、有新的东西更替从而使人成长。把这些本质的需求满足了，自然能做到"恬淡虚无，真气从之"了。只有这样，在这个过程中人才能够玩得开心，才能专注，于是可以做到"精神内守"，得到的结果便是"病安从来"。

如果能做到以上这些，把外在、内在的基本需求都满足好，理论上人是不容易生病的。

○ "精神内守，病安从来"—— 有一座后山

第三句话"精神内守，病安从来"，是说当人有了能量(精神)之后，要怎么把能量守住(其实写字、静坐就是很好的"精神内守"的方法)，换句话说，就是人必须要有专注的点。只有在注意力专注的时候人才是精神内守的，才不会轻易被侵扰。

明代文人屠隆，在给前文提到的《遵生八笺》所写的序里，对"精神不内守"的人有一句很恰当的形容，叫"身坐几席而神驰八荒"，意思是说人坐在这儿，但

是精神已经奔驰到四海八荒去了,带来的全是耗散,这就是精神不内守。

要做到精神内守的关键前提是,我们要知道自己的"后山"在哪里。"后山"即为我们稳定自己的方法和时空,比如有定力,可以专注于一门技艺,可以让自己心神笃定。如果连后山在哪里都不知道,便谈不上"守"字了。

2

各从其欲，皆得所愿

前面说到，先设置好我们的基本需求，达到后就有可能做到"恬淡虚无，真气从之"。这样的好处是"是以志闲而少欲，心安而不惧，形劳而不倦，气从以顺"。

○— "志闲而少欲"—— 有愿景，但不要目的性过强

"志"是什么？是目的性。中国人做学问很讲究平衡，一方面告诉我们一定要励志，即要有愿景，另一方面却要"志闲"，即不能目的性过强。要用一颗闲心来消融愿景和自己现状之间的对比，去专注于当下的事情。

"闲"的意思我们常容易误读，往往会觉得那是一种无事可做的状态，或是不必做事。其实不然。"闲"是一种自在而放松的状态，即无论做事还是不做事，人都是安然而踏实的。

所谓的"少欲"，不是没有愿望，而是在成事的过程中，把注意力和精力充分地放在当下，这也是我们要勇于投入事情中的原因：历练出一个更好的自己。当人在过程中尽心尽力时，会不太执着于未来的那个结果，而当人尽心尽力时，结果却是水到渠成的。

⚬ "心安而不惧"——问问自己在怕什么

当我们做事不是为了应付和追逐，而是打起精神、借事磨心、提升自己时，心自然是放松的。人处在充实、进步的状态中时，心里会比较踏实安宁，精神也比较平静，不会产生恐惧。

可以试着问问自己，我都在怕些什么？怕死、怕穷、怕老、怕不如他人，这些都是很"主流"的怕，而且这些事实也并不会因为恐惧、焦虑而发生任何改变，那只是一种会带来消耗的多余、负面的情绪。要觉察到这一点，对治的方式，便是如上一条所说，把心放得虚灵、轻盈一点，减少功利心，投入到当下中去。

○┐"形劳而不倦"—— 别累心

"形劳而不倦"，是指身体很劳累，但是心并不会感到疲倦。但现代人的情况却往往完全相反，我们往往是想的多，做的少，身体的能量没有被充分地调动和释放出来，心里却已经疲乏了，自然提不起精神和兴头。

身体的劳累相对容易处理和平衡，且"做"会带来经验和能力的增长，是一个可以不断优化的事，当能力得到了提升，便会为心灵减压。

心之所以"不倦"，还是和它的指向有关，一方面像前面说的要有一个"闲"的状态，另外如果人知道每一次的重复和对困难的处理，都是对自己的提升，是个长本事的过程，也自然可以更加投入而有效地做事了，由此便不会那么容易进入倦怠和某种磨损。两者是相辅相成的。

○┳ "气从以顺"—— 通达清凉

以上的几点如果做到了，那我们就是"顺"的。人身体内部的秩序和自然四季一样，自有一套天然的程序。但由于情绪、疲倦、消耗等因素，这套程序被打乱、卡住了后，人自然就不顺了。就像在交通运输中，一个地方因为事故被堵住后，车流无法正常流动，会出现能量分布的不均，这种状况放在人的身上，就是"逆"。

中医讲"水升火降"，理论上说，人的胸部以上是清凉的，就像秋天的天空；胸部以下到腹部的位置应该是暖热的，那是积蓄热量的所在。但我们现在常常反过来，肚子冰凉，胸部以上反而经常有心烦、嗓子疼痛、口腔溃疡、心热、脸上长包、头痛等情况发生。火在上、寒在下，倒过来了，由此带来各种虚症、各种淤堵、各种问题。

○┳ 生命中最伟大的夙愿："各从其欲，皆得所愿"

这是中医里，关于生命的最伟大的夙愿："各从其欲，皆得所愿"。

它看似与中医关系不大，但其实是中医的根本，是一种纲领性的存在——人需要满足自己作为个体生命的需求，这样我们才能在适宜的选择和历练中，成为真正的自己。每个人来到世界上，都带着自我的特质，以及与之相应的愿景和蓝图。也就是说，这一趟路程的样貌和意义，对于每个人都是不一样的。就像在中医里，养生是非常个性的事，同样一个措施，对一个人是补，对另一个人可能是泻，并且在同一个人身上，此阶段是补，另一个阶段是泻，是一个动态的、完整平衡的系统。

所以我们需要先了解自己，才谈得上如何满足个体生命的种种欲求。要学会顺势而为，顺自然而为，懂得倾听自然的意图，最终才能成为自己。

当了解了人的多元，了解了自己的特质，也就不会有一个单一的外在标准了，由此才能去好好完成自己应该也需要完成的那些事。这也是历经这一趟生命旅程的意义——毕竟不论我们怎样养生，都不是想要养成一块天长地久的石头，而是为了更自在、顺利地完成自己，让灵魂变得更好更圆满，让自己在走时比来时更好一点。而真正的放下，基于我们的真正满足。

3

像保护婴儿一样
保护自己

　　前面我提到了屠隆给高濂的《遵生八笺》写过的那一篇序。这篇序，我觉得写得最"损"，但也写得最好，将高濂在《遵生八笺》中的生命观做了一次很好的概括与阐释，也很得中国传统中医思维的精要。

　　这篇序中所提到的一些状况，与我们上面说到的当今人们所面临的状况，有着很多契合的地方，从中我们也可以看出，近五百年前的时弊以及那时的人们对于体肤心神的耗散与损伤，和今天其实没有太大区别。

　　我将其中的一些观点摘录出来，分享给你。

○━ 人是要死的

这篇序中的第一句话说"夫人生实难,有生必灭",人生就是这样,有生就有灭,也就是我们说的,人终究是会死的。

"转盼之间,悉为飞尘",转眼之间有可能就尘归尘、土归土了。"王侯厮养,同掩一丘,大期既临,无一得免者",不管你贵为王侯,还是低贱的平民百姓,最后都是要埋在土里的,生死对每个人来说是最公平的,没有一个人可以免于生死。单是常常记得这件事,我们就不会太草率地对待自己了。

○━ 人的精气神是有限的,别用无穷的、各种各样的名目来消耗它

"夫藏宝于箧者,挥掷则易空,吝啬则难尽,此人所共识也。人禀有限之气神,受无穷之薄蚀,精耗于嗜欲,身疲于过劳,心烦于营求,智昏于思虑。身坐几席而神驰八荒,数在刹那而计营万祀,揽其所必不任,觊其所必不可得。"

生命就像藏在盒子里的宝贝，如果肆意挥霍，很快就没有了，但若总是不用它，又不能物尽其用，这是人人都知道的一个常识。但人们不知道的是，人的这点精气神其实是非常有限的，用无穷的、各种各样的名目来消耗它，来满足自己的各种欲望，就会使身体在过度劳累中越来越疲惫，内心也会烦于各种各样的贪念，而当你开始思虑时，其实已经失去智慧了。

虽然一动不动地待着，但脑子里已经划过了无数个念头，刹那之间，就把过去、现在、未来的所有事都琢磨了一遍。哪怕身处方寸之中，看似安静，其实心里并没有得到片刻的安宁，如此肉体还存在着，能量却已经被大量消耗。我们总对这样的状态毫无觉察，仍然琢磨着那些身外的、无益的、得失的事，总处在辛苦的求索与烦扰中。生命就是在这样的思虑中被消耗着。

思虑是什么？其实就是分析，就是权衡各种得失。而智慧的属性像光一样，可以直接照见。所以真正有智慧的人，不会经常动脑子分析得失，他们所拥有的，是一种更为直接、清澈的洞见，不会因此给自己带来无尽的消耗。

○┓ 很多费劲招揽的事情,最后可能都让人无法胜任;
   需要费尽心力去够的,往往并不属于你

这句话说得最好了,"揽其所必不任,觊其所必不可得",它的逻辑很简单,很多招揽的事情,可能都是我们无法胜任的事情。"揽"这个动作已经表现出勉强的意思,可以胜任的往往很顺畅地就做了,要靠"揽"才得来的,通常大于我们现有的能力。

"觊其所必不可得"则是说,那些令人艳羡不已、削尖脑袋也要得到的东西,最终往往无法得到。是我们的,因缘聚合自会把它带来;要费尽心力去够的,说明本来就不属于自己。

○┓ 像害怕利刃、躲避强盗一样来对待消耗你能量的
   人、事、物;像保护婴儿、宝贝玉璧一样来保护
   自己的真气和那点灵光一闪的直觉

这篇序中还提到,圣人、古人中那些懂得养生的

人,"畏侵耗如利刃,避伤损如寇仇,护元和如婴儿,宝灵明如拱璧"。

这句话用了很有意思又很恰当的比喻,是说你要用害怕利刃、躲避强盗的态度来对待消耗我们能量的人、事、物,用保护婴儿、宝贝玉璧的心态来对待自己的真气和那点灵光一闪的直觉,也就是保护自己的那一点天真、完满、冲和[1]以及平和的心性和状态。

对于什么事对、什么事不对、什么事对自己有好处、什么事可能会伤害自己,我们都是有灵性、有直觉的,但为什么有时面对不好的事时,还一意孤行地冲上去呢?便是因为我们经过了"分析",习惯了使用"机心"之后,不再相信自己的直觉了。

○┐ 心有可寄托的地方,才不会轻易被外物所扰

屠隆提到高濂很喜欢搜集古董,很多文人都是这样,喜欢琴棋书画诗酒花,爱好广泛。所以他提出了一

---

[1] 冲和:淡泊平和,也指真气、元气。

个问题并进行了回答:是不是玩耍这些东西,也会消耗呢?

他的回答是:"余曰不然,人心之体,本来虚空,奈何物态纷拏,汩没已久,一旦欲扫而空之,无所栖泊。及至驰骤漂荡而不知止,一切药物补元,器玩娱志,心有所寄,庶不外驰。亦清净之本也。"

我们来到这个世界上,就是与万千事物相对应的,一旦把这种对应关系切断了,便没有了立足的基点。就像很多人学道、学佛,觉得活着一点意思都没有了,那大概是学歪了。

人的心始终是要有所栖泊、有所专注的,我们必须在这个过程中去历练才能有所成长,所谓"烦恼即菩提"就是这个意思,没有烦恼就没有菩提;没有事态纷纭的世界,所谓的智慧也就没有了用武之地。

因此屠隆说,一切我们吃进去的东西,不管是药还是食物,补足的都是我们的能量;而所有喜爱的这些技艺,比如琴棋书画诗酒花,都是用来怡悦自己的,它们使你的"志"有目的性,因为有所着落和寄托,才能真的放松，不绷得那么紧。

心始终有一个能够寄托的地方，它才不易被外物所扰动，这也是清净的基本条件。

就和写字，还有其他许多爱好一样，当我们专注于手上的这一点功夫和手艺的时候，会越来越专注，长出定力，不会被外界的虚邪贼风所侵扰和伤害。

本章推荐阅读：

《遵生八笺》屠隆序

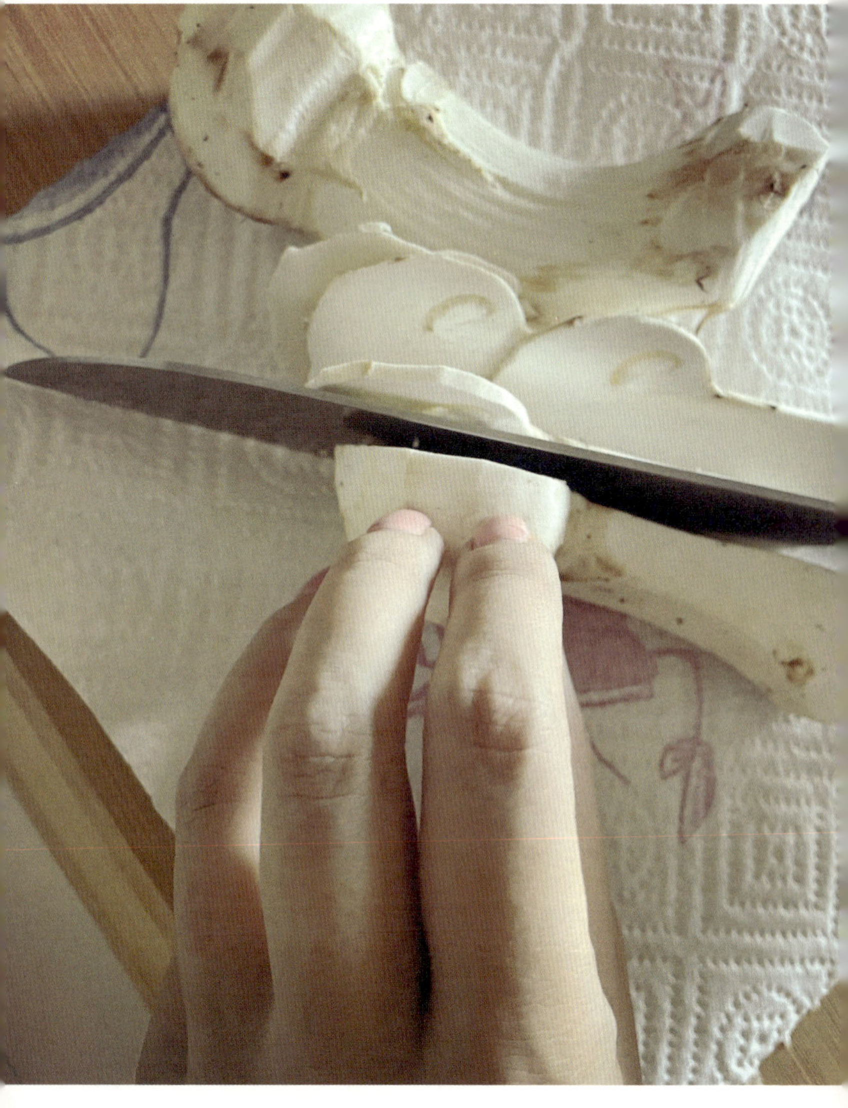

学着像对待

一个宝宝那样

对待自己

五

为自己节能

1

在小事中，
养成节能的习惯

褚遂良书写的《阴符经》是暄桐教室的一个必练碑帖。短短三百多字，却对生命、谋事、修养、人与自然的关系等层面的问题做了透彻的诠释，是道家智慧的集中体现。

碑文中提到，聋人的眼睛比一般人的好，而盲人的听力会更强，这都是能量集中了的缘故。其中道理便是，如果我们可以把能量集中在一点上，那么把一件事情做成做好的可能性就大了许多。无论是做事，还是对身心的养护，都是这样。

关于集中能量，我们所要做的事情有两件。

一件事是节能。这几乎是一切的前提。但即使是个体能量的极限，也是非常有限的，所以当能量能够专注聚集的时候，第二件事，便是为自己扩容。

第二件事关于让个体有更大的贡献度，同时有更大的愿心，这样就不容易到达个体的巅峰而衰落。终点无限遥远，要永远知道谦虚谨慎，懂得敬畏。

但是对我们而言，第一步就很难。眼前各种事，每一件都有得失，都舍不得放弃。我们总想什么都拥有，于是总是让自己很累，身心处于消耗中，第二步的扩容和成长就更谈不上了。

许多时候，那些带来消耗的情况都不是一些重大和特殊事件，而是许多日常小事。日积月累，习以为常，我们便很容易处在惯性中而无所觉察了。

关于这些，我将自己的一些心得分享在下面，希望对大家有一些启发。

节能的七条建议

① 问问自己什么是不用做的　　② 少闲聊
③ 不揽事　　④ 不要总觉得自己站在舞台中心
⑤ 给事务做难度分级　　⑥ 善始善终
⑦ 果断说不

① 问问自己什么是不用做的

我们总是习惯做加法,高估自己同时兼顾的能力。决定做一件事情或者惯性做一件事情之前,先问问自己是不是可以不做,或者是否有更高效的替代方式。一件事做了和不做差不多,要考虑是否可以省去。

如此则会发现,自己习惯里的很多程序是可以简化的。

② 少闲聊

所谓闲聊,就是那种没什么意图,大家坐在一起或在手机上娱乐性地社交闲聊。闲聊难免八卦,品评完了别人的生活，对自己其实没什么益处，还容易滋生是非。我们可以减少这样的时间。（可以多去书中和古人聊一会儿，其中会有很多的营养。）

③ 不揽事

很多时候揽事都是因为热心（往往也是因闲聊而起）。但揽事太多，结果在忙忙碌碌后发现效果并不好。贡献少了，别人不见得开心；付出多了却没人感激，还容易产生怨气。

需要我们做的，自然会有人来找，不需要我们做的，是因为别人自己也能解决。宁可雪中送炭，不要热衷于锦上添花，秉持多一事不如少一事的原则，才会有难得的清闲。

④ 不要总觉得自己站在舞台中心

我一直觉得，除了最亲近的人，其实真的没人关心或介意我们的种种表现。很多时候，我们会假想自己生活在橱窗里，有很多人看着。其实并没有。尤其在很多觉得自己出丑了、不够好的时候,都是这种感觉在作祟。

应付虚幻的观众,会浪费我们很多的精力。

⑤ 给事务做难度分级

我们的很多时间精力其实都集中在自己容易做的事上,因为稍有难度,我们就会不适,于是就容易选择重复性的但并不能使我们进步的事情来填满时间。

所以我们可以把需要做的事务分为三类:举手之劳毫不费力的;需要努点力做的;需要相当努力才能完成的。

举手之劳的立刻做,随时做。

需要努力的,每天用专门的时间来做。

需要相当努力才能完成的,最好用整块时间,比如集中的三天或一周来攻坚完成。

这些方法,在工作上很有用,三种类型的事情都兼顾了,才会有扎实的进步,也才能提高效率,减少时间和精力的浪费。

⑥ 善始善终

每件事情都尽力善始善终。很多时候，那些无疾而终的事情就像电脑里没有关闭的程序，还在一直消耗我们的能量。

⑦ 果断说不

无论是开始了还是没有开始的事，跟相关的人和事都要有坦诚妥善的交代，这样也就不会积累下负面情绪。如果不能承担，要果断说不，不让自己和事情进入一种不健康的模式中，别人也才好开始新的打算。

○┐ 好好学习自我管理

人的精力很有限，几乎每过一段时间，我都会把德鲁克那本《卓有成效的管理者》拿出来看看，自我管理其实是最需要好好学习的一件事，我也推荐这本经典之作给大家，以及暄桐同学必读的《精要主义》，也是另一本和德鲁克那本同类型的好书。

每个人的人生都需要一种良马骏足的状态,不能像一个泄了气的皮球。那么好的光阴,那么多有趣的事,怎么能够因为没有能量,而没了兴致呢?

2

管好我们的时间

降低消耗、提高效率,除了管理自己的行为,还需要从时间上入手。

每天忙忙碌碌,但一段时间下来,发现人生并没有真正的进展,或是当抱怨没有时间做滋养自己、让自己进步的事时,就需要好好想一想自己把时间都花在了哪里。

其中的道理和理财相似,先了解钱花到了哪里,规划集中投资的方向,然后才能优化提高资金利用的效率。落实在行为上,即先盘点时间花在了哪里,这样才知道如何利用时间,进一步提高时间的品质和效率。

"开源节流，化整为零，再聚少成多"，这是管理一切资源都值得参考的原则。养生也是如此。

时间管理的六件事

① 减少手机的使用时间　　② 记录时间的去向
③ 把"切换项目"作为休息，在快节奏中得到滋养
④ 一心一用　　　　　　　⑤ 学会"偷懒"
⑥ 用一个本子，列出任务和时间清单

① 减少手机的使用时间

第一个目标就是让每天使用手机的时间至少减少一个小时。

手机几乎可以填满所有的时间空隙，心神不安地惯性刷手机，似乎是很严重的时代病了。除睡觉之外，如果可以每天关机两小时，那么要恭喜你，你已经成为时间的富翁了。（手机上有一个功能，可以查看屏幕使用时间，可以自查一下。）

② 记录时间的去向

为自己设置时间记录表，比如以半小时为单位，记下自己都做了什么，和记账一样。

不要幻想拥有那种没有人打扰的整块时间。与其让没有整块的时间成为借口，不如把已有的碎片时间拼起来。四个 15 分钟就是一个小时。如果足够高效，15 分钟就可以完成一个任务，比如对于安定心神大有益处的静坐。

当安静下来的时候，时间会向你展示它的真相，你会感受到时间的品质和思绪的散乱。山静如太古，日长如小年。

③ 把"切换项目"作为休息，在快节奏中得到滋养

可以试试把"切换项目"作为一种休息。我自己的经验是，写作完了去工作，对写东西来说，处理工作事务就是一种切换和休息；上课之后，安静地画画写字就是休息；独立做事久了，去跟大家课上交流就是一种休

息……人在一种节奏里面待久了，换一种节奏会觉得新鲜和振奋，就相当于休息。

我们常常认为自己已经做了一点事，就需要大量的时间用于什么都不做或者娱乐休闲。其实白天把"电"放得彻底一点，晚上睡觉才会香。在紧密的节奏中，人不是向外应付，而是打起精神借事磨心，提升自己，那时候的心，也是自然放松的。

心神在充实进步的时候最安宁。

想想看，如果我们的心神很清楚自己来到地球的这段时间里，要完成什么样的任务和升级，但是身体和行为一直在延迟中，程序也老有各种漏洞，心神定然会因爱莫能助而焦虑。这也许就是有时我们在玩儿的时候不踏实，玩完之后也没有期待中那么开心的原因——一个来打怪升级的游戏玩家却老是原地踏步，当然越玩越无趣。

快速的节奏需要慢慢适应，一旦适应了就会觉得非常充实、快乐。可以先用一些时间试起来，用两件不同事情的切换来作为彼此的休息。

④ 一心一用

要放弃一心多用的幻想,专注眼前的唯一。

我们通常都觉得自己可以一心多用,在一段时间里做几件事,一边看书一边看几眼手机,一边做着这件事,一边心里想着那件事。

但我觉得,平凡如我们,只有全心全意做一件事才能把事做好,也才能享受一件事情带给自己的滋养和进步。禅宗的"饥来吃饭困来眠"说的就是保持当下的专注力,全心全意地觉察。

那些看上去可以快速无缝切换的人,都是做事超级专注的人。追求有效性的人都是会高效地解决了一件事之后,才转向下一件事,哪怕是只有三分钟的全神贯注。

很多自认为可以一心多用的人往往都是开了多个窗口,心不在焉,哪个都没有做好,看上去很忙,事情的完成质量却很差。

我们需要提醒自己,千万不要陷入恶性循环,用开始一件新的事来逃避上一件事的难度。用忙碌来做借口,其实是一种间接的逃避和注意力转移。越是无法深度做好一件事的人，越倾向于做很多不同的事来扩充宽度。

人不专注，脑子里自然会闪过很多杂念，思想上就平添了很多负担。让自己全神贯注到眼前唯一的这件事上，就开启了节能模式，就像黑暗里的光束，只聚焦在一点上。

光亮分散了，就很普通，凝聚起来，就会明亮耀眼。

练习让万千件事情，依次来到眼前，眼前永远只有这唯一的一件，慢慢地就会越来越从容。

（写下这些文字之前，我在对着镜子刷牙，本来走神惦记着写字的种种，但当我把思维专注到当下，感受嘴里牙膏的泡沫以及漱口时水的清凉，就马上很快乐了。专注真是令人开心呢。）

⑤ 学会"偷懒"

找出那些可以优化压缩的时间，学会用一次性的工作来"偷懒"。

一方面，一次"集中"处理，可以使之后的运作变得流程化、自动化。另一方面，在集中处理的过程中，能够找到明确的提升方向。

我相信，只要仔细观察所有的事情，就会发现它们都有提升优化的方向，这就是做事最大的乐趣。"大事"我们愿意动脑子，但很多时候在日常事务中，尤其是在我们生活中最习以为常的部分，我们却很少去仔细琢磨，观察改进。

具体的优化方案还是要基于你了解自己的时间都花在了哪里。要培养对那些重复劳动和没有创造新价值的事情的敏感度，开动脑筋，让它们变得简单起来。

举几个小事的例子。

小时候常常出门旅行，我在收拾行李时，发现想一件拿一件很麻烦，就列了个表单，以场景为单元，把物品分成小包。后来更有经验了，就把每次必备的行李变成一个恒定的表单，根据目的地的不同，只更新单独的一小部分东西，于是出门前就可以不焦虑、快速地收拾好行李了。

餐桌上，以前每天都和家人讨论第二天吃什么，不仅很花时间，关键吃饱了之后大脑经常一片空白，于是就把大家爱吃的菜用表列出来，只是临时增加突然想吃的，每周按照一定比例，汤菜轮流替换。既不重复，也提高了采买的效率，更不用在吃饱了的时候冥思苦想了。

做了妈妈以后，经常念叨小朋友，时间长了，自己和小朋友都很烦，沟通效果也不好。于是我就改成阶段性地很认真地跟小朋友谈话一次。比如一年的成长目标，跟小朋友聊明白了之后，我会把这些目标变成具体的一条一条的内容，请小朋友自己抄写并背下来，然后定期陪他一起检查打分。这样省去了一直念叨的麻烦，避免了说出口的话逐渐失效的可能，也启发了小朋友的自省能力。目前这个方法还是很有用的，每年的目标都完成得不错。最起码小朋友能时刻知道自己的努力目标，这就是很好的事，当小朋友做得不好的时候，提醒一句，也就知道改正的方向了。

以前我常常在临睡前想到一些上课的细节，总需要从床上爬起来，写下来或者处理掉，再回到床上，一折腾就半天睡不着。后来在床头放上笔和纸，哪怕是半夜醒了想到什么，都会马上写下来，不用老惦记着，很快就可以继续入睡。

等等。

总之，生活中多留心，每过一段时间像放电影一样，观察自己的生活，合并同类项，看哪些事情可以集中一次解决，提升质量。

⑥ 用一个本子，列出任务和时间清单

每天临睡前，我的最后一项工作，是列出第二天要完成的任务清单，并且检查当天的任务，把未完成的项目，移到第二天的任务中。

任务清单列出之后，就一定要尽力完成，否则它就形同虚设。想想过去我们做的各种计划，是不是反而常常让我们对自己的执行力越来越悲观呢？

习惯随身带好时间管理的小本子，不要对忙碌中的自己的记性太乐观。习惯把事情写到本子上的任务清单里，一一打钩，完成的时候会非常有成就感。

用本子手写的好处还有很多，比如能一目了然地知道时间的状况，也能够创造出相当多的不依赖手机的空隙，不会发生去查阅一眼时间表，顺便玩了半小时手机的情况。

在列任务清单的时候，不仅要列出任务项，还需要将任务难度分优先级，这样才能跟时间安排匹配，以避免发生专挑容易完成的项目，而把比较消耗时间的事无限期后移的情况。

要把整块的时间留给需要集中精神处理的、有难度的事情，打电话、跟人联络这样的零碎事情，可以安排在主要任务结束之后的休息时间里。最初你不太会准确预估自己的完成时间，这项功夫需要在步骤一练好，多花一点时间来琢磨优化时间的安排，就是在优化任务本身。

明确清晰的任务清单，来自清楚的目标。

任何成果都需要积累，积累是长期作业，所以，安排一个紧凑又不至于会因压力太大而放弃的度和节奏是关键。让每天的点滴变成一幅大拼图中的一小片，看上去不起眼，但日积月累之后，就会汇集成一幅完整的画面。

不要把整块的时间切碎,而是把所有的碎片化时间指向一个目标。

最后推荐两本讲时间管理的书给大家——《掌控生活,从掌控时间开始》《任务就要按时完成》。但要知道的是,这些内容的有效性不源于读,而在于我们的行动。我们如果长期任由自己的知与行分裂,道理都懂,但没有一件事是有恒心去做的,总是挫败,那么就会磨损信心。

我想,不让自己对自己失望,是人对自己做的最好的事之一。

本章推荐阅读:

《阴符经》

《掌控生活,从掌控时间开始》

《任务就要按时完成》

《卓有成效的管理者》

《精要主义》

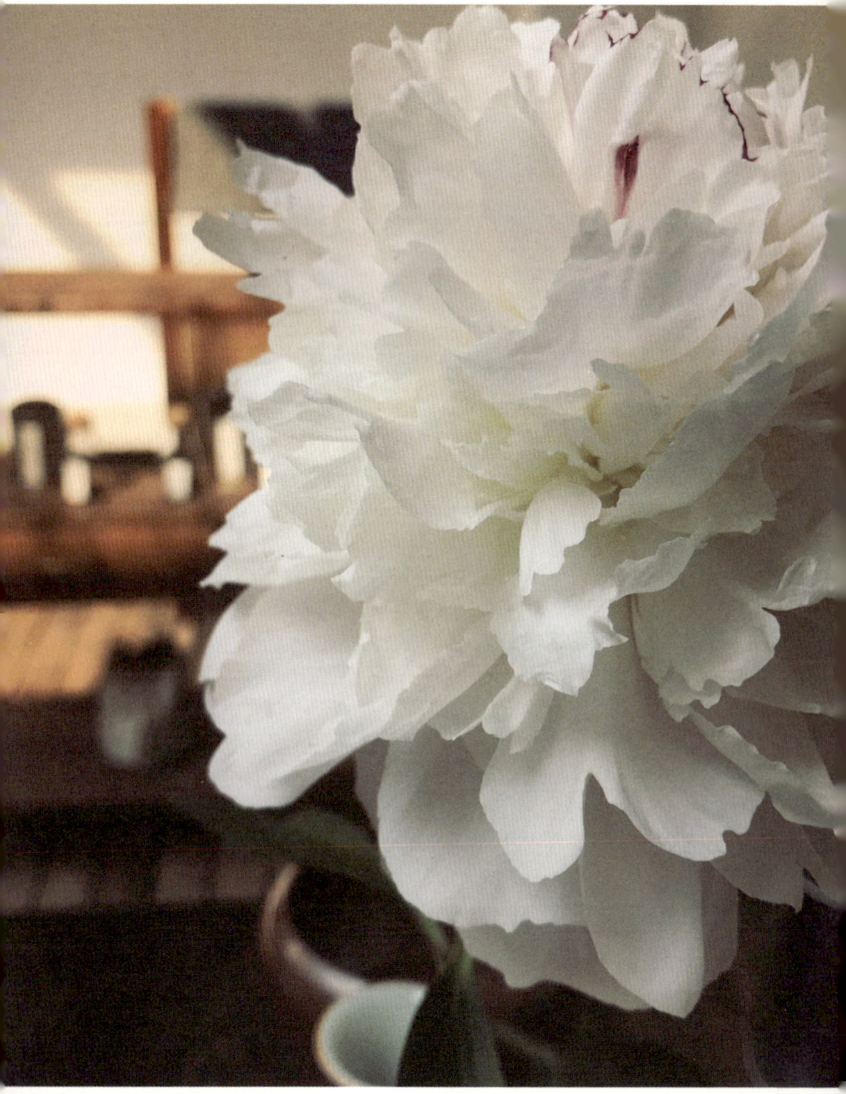

人的精气神是有限的，

别肆意挥霍

从"脾妈妈"说起

——养好我们的后天之本

六

好好照顾"脾妈妈"

1

为什么把脾叫作"妈妈"

在这部分,我们要聊的是在中医领域中很"红"、很重要的一位——五脏中的脾。

中医里所说的心肝脾肺肾,是个能量运转系统,而不是单纯的器官本身。器官和系统,概念上会有交集,但在中医里,这个概念要大很多。(如果有兴趣,除了《黄帝内经》,也可以去读《黄庭经》,另外周楣声先生有本《黄庭经医疏》也很好,把"五脏藏神"的概念讲得很明白。)

所以如前所说,我们应该把脾的功能理解为一个系统。所谓系统,便是需要有别的职能的配合与共同作用,所以我们也可以以心肾为切入点、以肝肺为切入点,等等,并非要独独夸大脾的作用。之所以说脾,是因为在五行中,脾居中土,处于一个中心枢纽的位置,以它作为切入点,会比较容易阐述,这也是从元代的《脾胃论》到清代的《四圣心源》中"一气周流"的角度,都以脾居中土这一点为切入。

为了方便了解脾对我们生命的重要性,我们可以给脾加一个称呼——"脾妈妈"。记住"脾妈妈"这个概念,可以明白很多事。

将脾称为"妈妈"的原因是:脾主坤卦,厚德载物;脾为后天之本,它代表的是土地、养育、包容,木火金水最后都需要它做载体,我们的脏腑以它为主导,进行着协作。这个特性,真的和妈妈一样。另外,妈妈的某些缺点它也都有——爱操心,爱念叨,爱把你养肥,以及爱管人,这些都是脾的重要特质。

脾这个系统,最重要的功能,用一个字来说,就是"化";用两个字来说,就是"运化";用四个字来说,便是"化物升清"。

化就是能量的转化，一个东西吃下去，脾的"化"的功能就是负责把好的能量挑选出来，送到身体各处储存。当然其中还涉及肝气推动、肺气肃降这些别的系统的配合，在这里先暂且不提。

简单点说，如果脾的化物升清的功能失常了，就好像妈妈罢工了，家里就会混乱，反映在人的身上，就容易腹泻。现在很多人吃点凉的，喝点啤酒，吃点辣的，就容易拉肚子，这都是脾在抗议。

更严重一些，就是所有的代谢疾病，比如糖尿病，也属于脾罢工的结果——能量不转化了，在身体原封不动地进出，吃什么，不经吸收就排出来。

2

脾的健康宣言：
头脑简单、四肢发达

○┐ 别让能量卡住"脾妈妈"

听过齐秦的一首歌《爱情宣言》吗？其中有一句，"这是我的爱情宣言，我要告诉全世界"。我的健康宣言也是这样的，我可以大方地告诉全世界，我的理想是成为一个头脑简单、四肢发达的人。

每次这么说的时候，都能看到大家不解的表情，可是，头脑简单、四肢发达，真的就是"脾妈妈"的心愿啊。

脾主肉，"脾妈妈"就是管仓库的。家里的积蓄存粮都由妈妈来管，花多少、存多少也都由妈妈来决定，花的就是日常支出与消耗，存的就是万一供给不够的时候的备用金。

人为什么要头脑简单？因为思虑是"脾妈妈"最主要的消耗。人为什么要四肢发达？因为"脾妈妈"的银子都存在了四肢，四肢粗壮一些，密度大一些，就是家有余粮，心里不慌。我们可以观察患代谢疾病的人的病变趋势，很多都是四肢会越来越细。

《黄帝内经》上说，脾藏意，或者说，脾主思，都是指愿望、意图、目的等等，是从"君主之官"——心那儿得来的旨意。理想的状态中，脾是个负责分配资源的角色，比较像 COO（首席运营官），一个组织如果没有一个灵魂人物制定方向和战略的话，运营的人就只能把每件事都当成大事，累得团团转，还费力不讨好。

"脾妈妈"所管理的思虑系统，应该只有两个模式，一个叫放下模式，一个叫行动模式。"放下"当然就是指不再思虑挂碍，"行动"是直接把任务传输给负责使命必达的肝大人，能量就不会卡在"脾妈妈"这里。

但我们的思虑系统常常就是卡在"放下""行动"这

两档模式之间，既无法放下，又不能行动。这样的状态久了，"脾妈妈"最为受损，因为她是一个管理全家日常运营的角色，是枢纽，枢纽最怕的便是堵住。堵住的外因，是多余的湿气；而内因，便是不放下也不行动。

○— 多思少虑，"脾妈妈"才健康

来说说让"脾妈妈"受损的"思虑"。

"思"字，看篆书（思），上面是个囟，下面是个心。囟就是小孩儿出生时，颅骨还没有完全闭合的天窗那个位置，就是靠近百会，接收天地信息的地方。也就是说，"思"是从脑到心同时接收信息，是感知，是被触发的一种状态。心一发令，"脾妈妈"就准备在生活各处搜集信息，信息累积到一定程度，就会衍生出行动，此时这个"球"就传给了肝大人，这就是古人所说的"触着即转"的意思。有所思，是触着情境的自然流露，而不是挖空心思，闷头苦想的一种状态。

所以"思"不是一种主动的思考，而是一种纯净的空的状态，即为所思之物的自然出现，是心的自然映照。古人将其形容为镜子，说心似明镜台，映现而不留。这是非常节能的一种状态，是一种需要练习的功夫，写字、静坐就是达到这种状态的最好途径。很多同学说，写字之后人觉得清爽了，正是这个原因。

"虑"（䖒）字是心上面盖了一个虎字头，与虎相伴，自然会恐惧。人基于恐惧，基于一种防患于未然的心态做出的思考和行为，就是虑，也就是我们今天讲到的忧虑、焦虑。这种时刻紧张担心，觉得不论大概率事件还是小概率事件统统都不在自己控制之中的状态，已经是很多人的一种不自觉常态。观察周围的妈妈们，真的都是凡事"先焦虑起来再说"。

虽然李安的电影《少年派的奇幻漂流》里说，如果没有老虎，主人公不能活到最后，但是由恐惧来激发能量的代价太大了，所要付出的，是"脾妈妈"的库存能量。

当"虑"成为一种主要的思维模式，"脾妈妈"就会处于极度消耗状态，"脾妈妈"越不健康，人就越焦虑；越焦虑，"脾妈妈"就越不健康。如此，一种恶性循环便形成了。

是什么原因，让人从"思"转变到"虑"呢？还是"君主之官"——心被忽略了。"君主之官"的意志，也就是我们说的"人生蓝图"，是关于这一生，来到世界上，我们想要做什么，想要成为一个什么样的人，这趟旅程如何才能值回票价。这些核心的问题被回避后，"君主之官"就罢工退隐了，没了它的指引，"脾妈妈"就开始承担和担心这一切，就像人出门没有了导航，很费劲，也很担忧。

总结一下，思是一种像镜子一样映现万物、全然通畅的节能模式，而这样一种简单的状态，恰是行动力的来源。虑是一种用得失权衡、以防患为主要状态的高耗能模式。紧张、焦虑、不放松、缺乏执行力，是从内部对"脾妈妈"最大的伤害。

所以可以提醒自己想想看，自己在担心什么，为什么担心。想清楚了，再看看如何转化成行动，一件一件地执行。如果不能，就放下。

担心和焦虑，除了让能量堵在"脾妈妈"这个枢纽上，真是什么忙都帮不上。

3

我该吃点什么——
不论贵贱，适合最重要

我常常会收到大家提出的关于美容养生的很多问题：皮肤怎么保养能更好？气色怎么可以更好？脸上怎么不长包？头发怎么才不出油？怎么治脱发？怎么健身、减肥？以及最普遍的——该吃啥保养品？

我认真地想过后，发现所有问题的解决方案都指向一点——"脾妈妈"的功能要强大，不然越吃身体的代谢负担便越重。

如果不确定自己能把吃进去的东西转化成能量且对症准确的话，不如就吃得单纯干净一点。

我们总奢望吃进身体里的东西会自动和我们合为一体，这其实是幻想。燕窝人参或者青菜馒头，不论贵贱，都有两种可能，变成能量，或变成垃圾——代谢掉是能量，代谢不掉是垃圾。

所以对"脾妈妈"的代谢状态进行评估，比吃什么重要太多了，或者说，这应该是我们决定吃什么的前提条件。食物的好是食物本身的好，没有"脾妈妈"的运化和能量利用，食物再好和自己也没有关系。

但"脾妈妈"会任劳任怨地努力代谢我们吃进去的东西。理论上有两种情况：一种是多余的储备转化成能量，然后垃圾被快速地清理出去；另一种是吃进去的能量大于"脾妈妈"能承受运化的能量，就全部或部分变成垃圾，停在身体里。这些垃圾，就是我们常说的"湿"，严谨一点，还有另外两种——"饮"和"痰"。

"痰""饮""湿"其实都是一种东西，说成三样，是因为它们作为水液的黏稠清稀程度不同："湿"最清，"痰"最稠，"饮"居其中。它们本来是要被转化成能量的，但"脾妈妈"累得动不了了，就好像一个家里没有人清理打扫，四处都是垃圾。

最初，身体里的动能被湿气裹住，形成了阻力。本来肝大人使命必达的动能应该像钟摆一样，是一刻不停地往前走的，但阻力上来了，这就跟发动机在转动，但车不往前走一样，于是就会更用力地踩油门，这样一来，在原地的热能聚集得反而越来越多。所以，身体里的湿气留得久了，就会有伴随湿所生的热。湿热熏蒸，就会口臭，头发油。

就连毛孔大这类问题，都是"脾妈妈"上达清气于面的功能彻底失灵所导致的，在这种情况下，好皮肤和好血色，自然就更无法实现。

而且"痰""饮""湿"存在于身体哪里都不是好事，表现在脸上呈现的是皮肤出油和长包，表现在头上是油头或脱发，表现在肚子里会导致便秘和腹泻，在皮下就变成脂肪瘤等等。

所以身和心，都不能贪图聚集，要让能量流动。杂物和垃圾少一些会比较好。

为什么要减少思虑？就是希望给"脾妈妈"减负，

好让她腾出手来,去好好运化,代谢能量。她已经够忙了,再有思虑,会让她过负。

可以感受一下,我们一有了心事,吃饭就立刻不香了。同一间餐厅,自己享受着吃和想着事儿吃,是完全不同的状况。

看现在的人,把补品一把一把地吃下去,这也许可以安慰自己,希望用各种补品来偿还自己对身体不够好的债务。愿望是好的,但如果"脾妈妈"能量不够的话,产生垃圾,还要花很大的代价去搬运它们,是得不偿失的事情。

所以我们只能先处理好和"脾妈妈"的关系,孝顺好她,让她开心,让她轻松地工作。核心的部分处理好了,剩下的问题就都会自然解决。

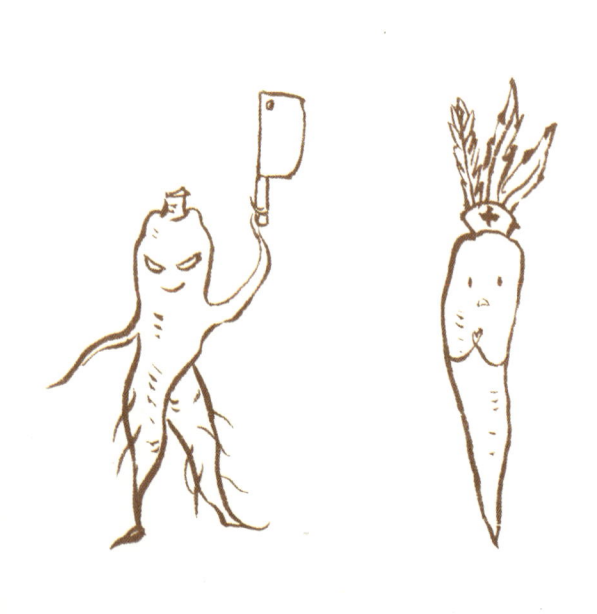

4

可以这样吃

说到养生，大家很容易说：你直接告诉我该怎么办可以吗。

其实基本的要点很简单：少吃生冷，注意保暖，早睡，吃饱，少想事儿，不焦虑，不生气。但好像要做到，很难。

所以我们还是需要知道得多一些，好判断代价。我们在生活中买各种东西，都会衡量价格，但从来无视"脾妈妈"的工作和花费的能量，好像这从来都是免费的。如果知道了"脾妈妈"的工作状态，那么这个视角，也应该有所改变了。

在前文中，作为基本的背景，"脾妈妈"的权威地位和重要性，我们应该已经有点概念了，那么可以进一步，具体到"吃喝拉撒睡"，从生活的一些基本功能和需求来说说。

大家最容易关心的，就是"吃点什么"这个话题。也不知道从什么时候开始，我们就坚定地认为，养生一定需要进补，可是环顾周围，我们的问题往往都不是缺啥，而是被"堵"住了。

有时候，着急地补这补那，觉得买回来的神奇小瓶子里装着一些仙丹，只要吃了就能够一劳永逸，过去瞎折腾的后果都能一笔勾销。不得不说，想要真的理解中医养生，就先要把进补等于养生这件事从固有观念里面拿出去——好好吃三餐，规律清淡，就是最好的补益。

我不大相信包装好的饮食补充剂，包括各种胶原蛋白、美白食品，总是不如自己买来看得见的食物值得信赖。不明所以的成分，有时真的就是安慰剂的效果。（当然现代医学双盲实验里的安慰剂，也确实证明了心理作用的重要性。）

从前，药都叫"毒药"，所谓毒，就是偏性，以药的偏性，来纠正人的失衡，相互作用，其结果是为了达到平衡。而在没有辨证的前提下，人长期乱吃一种东西，平衡就会被打破，就容易吃出问题来。

中医其实没有那么关心一种食物绝对的成分，它比较关心的是，<u>一个东西吃下去，为什么你有事，他没事，也就是个体运化的差异</u>。

今天，我们很容易就走进唯成分论的怪圈里，比如这个食物含什么，所以多吃好，那个又含什么，所以吃了不好，而且这些好坏往往都是听来的，不但将它们独立于整体来看待了，还完全放弃了自己的基本观察和感受。如果是这样，就很难吃得"有效"，获得适宜的补益。

比如你吃一块水果没事，但是如果血糖高的人，吃一口就可能有事，重点不在食物的绝对好与坏，而在于这个时候，你的"脾妈妈"是否能运化。

∞ 吃饭的七条常识参考

为了"脾妈妈"的健康，我们可以参考这样的吃饭思路：

① 要吃好
② 少一点，好一点
③ 尽量少吃生冷
④ 减少辛辣刺激
⑤ 合理搭配
⑥ 注意吃水果的量
⑦ 甜食要适量

① 要吃好

所谓吃好就是食物干净、应季，食材方面讲究点。少吃那些直观上很难判断食材或食材来路可疑的食物。

② 少一点，好一点

在不饿肚子的前提下，不要吃撑。要么不吃，要么就吃撑，对"脾妈妈"的伤害很大。

在食物品质和食物的花费上，可以多一些预算，很多女生买化妆品很大方，但吃饭就凑合，我觉得不划算，吃得品质好一点，身体通透饱足，就不用买那么多粉底了。

③ 尽量少吃生冷

尤其是夏天，大家容易放开吃冷饮冰棍儿，但脾胃到了夏天最怕生冷。冬天的时候，外面天凉，但地底下是热的，井水是不凉的；夏天外头热，但地底下是凉的，井水是凉的。身体也如是。温度是现代人不够重视的一个领域，温湿度其实是最重要的环境因素，这个环境决定了成分以什么样的方式和形态存在，比如当我们在强调基因的遗传特征的时候，同时也要非常重视诱导基因发挥作用的环境。

④ 减少辛辣刺激

脾虚的人往往需要辛辣油炸类食物的刺激才觉得有胃口，但是辛辣刺激带来的胃火又会伤阴，导致恶性循环。

⑤ 合理搭配

正常的一餐，有米饭、绿色蔬菜、肉类或鱼、根茎类蔬菜，就是很好的搭配了。饮食应该规律清淡，至少在比例上，清淡的食物要占得多一些，可能很多人觉得无趣，但也要想一想，凡事皆有代价。

⑥ 注意吃水果的量

一说到水果可以不吃或者少吃，很多人就容易急。这不是说吃水果不好，是"脾妈妈"对这种生冷东西不一定化得掉，所以尝尝鲜即可，而不是大量摄入当饭吃。

关于水果，我身边有两类情况，一类是老人家，经历过困难年代，总觉得水果是好东西，能补充营养、维生素，不吃就不好，但其实这些营养成分，蔬菜、米饭等食物里也是有的。

另一类是爱吃水果的人，大家现在睡得少，吃得辛辣，有虚火，就容易想吃水果，觉得每天没有吃到水果就难受。女生也觉得吃水果美容，所以晚饭就用水果代替了，或者早饭里也是一堆水果，从中医角度来说，这也许并不那么"健康"。

我从小就不爱吃水果，等长大后学习了一些中医知识，有了理论和实践的支持，就吃得更少了。朋友会送一些，会吃一点尝个鲜，更多时候都被我做成糖水或者甜品。好像也没有因此皮肤不好或营养不良，但这是个人经验，给大家做一个参考。

⑦ 甜食要适量

甜味是振奋"脾妈妈"的，但是也不宜过度，多了也伤脾。中国人的智慧里没有单纯的好和坏，适合是最重要的，火候与度的把握就是功夫。

5

身体的通与不通：
喝水的小讲究

脾不喜欢湿，所以健脾的路数都是行气燥湿、温阳化湿的。当然也有滋阴，让浓缩的痰湿回到流通状态。

"痰""饮""湿"都不好处理，简而言之，身体用两个状态区分的话，就是通和不通。

"通"就是新陈代谢正常有节奏地进行，好的留下转化，垃圾及时排出，身体的气血运行周流，把能量、营养带到全身，同时把全身的问题一一清理，也就是一种自体平衡的状态。自我疗愈和清洁都是身体智慧的一部分，不需妄加干预，人一进入细节干预，经常都是帮

"脾妈妈"的倒忙。

推动运化的"脾妈妈"是枢纽。所谓枢纽，就是所有的流程基本上都会汇总过来，然后再由她分发的一个角色。当有湿气包裹住她，就会令她的枢纽功能减速或停滞，大家可以想象大规模延误的机场。

"痰""饮""湿"这种不同程度的减速拖累，打乱了"脾妈妈"的节奏，当然也影响后续的所有流程。所以脾胃一旦不好，四周的心肝肺肾都会受影响，这是个必然的恶性循环。

湿和寒是一组共生关系。寒了就会导致热能不够，水分进入体内就不能蒸化，就变成湿。湿寒阻碍了正常的气机流动，但动能还在，就像车子不能往前开，但油门还在踩。开车的朋友都理解，城市里堵车的时候发动机低速运转是最毁车的，汽油不充分燃烧会产生很多废物。

稍有时间车就需要去高速上好好跑跑，人也一样。"脾妈妈"被阻碍了，废物不流通，于是变成湿热。湿热处理起来就很纠缠，因为情况又复杂了点，所以寒热很难分开讲，只是时间上的不同阶段而已。

现代人的外感受凉状态几乎是持续的，容易受寒本身就是阳虚的表现，就是身体自身的热能不够，防御的卫气表虚了。当然最麻烦的就是饮食的寒凉，因为它越过皮肤直接进入了脾胃消化系统。

○┐ 喝水的五条常识参考

说这么多，其实还是想跟大家说说如何喝水，虽然一说起来觉得有很多内容，但一些基本常识可以先了解一下：

① 少量多次喝热水、温水　② 饮料不能代替水
③ 多喝汤水　　　　　　　④ 不机械地执着于早起一杯水
⑤ 关于脸肿

① 少量多次喝热水、温水

少量多次喝热水、温水，不要喝冰水，帮"脾妈妈"节约点阳气和能量。不要一次喝过多的水，要给

"脾妈妈"时间来运化水湿。

不要简单粗暴地执行一天八杯水的说法。如果不渴,不要使劲灌。

古代养生曾以喝水少为要,不想喝一定有不想喝的原因。渴与不渴,是《伤寒论》中非常重要的一个判断,是人与病邪的时间位置关系的动态指标,所以对自己特别想喝水和特别不想喝水的异常情况都要留意。

常见的情况是觉得很渴,需要不停喝水的,好像在烧干锅;也有觉得渴,又喝不了几口的,便是水湿停滞;还有不渴、少喝也没事的,具体情况不一,细讲起来会很长。如何喝和如何排出去,还有配合的关系,水分在体内的循环过程,不论中医还是西医的理解,都是一个吸收代谢的过程,不停留或停留过久都不太好。水分在体内不停留会导致脱水,停留太久则会停饮水肿。如果一喝水就上厕所,或一天也不怎么小便,都需要留意。

② 饮料不能代替水

除了水,大家都很爱喝茶、咖啡、果汁,等等,但是这些都不能代替水。从比例上来说，喝水要多于喝其他饮料。胃寒脾湿的情况在人群里很常见，尤其是女生，偏寒的茶要少喝一些，和水果一样，尝鲜就好。

至于咖啡，豆子和树叶，从中药性味归经的角度来说，还是区别很大的，记住咖啡振奋提神的能量，不是咖啡的能量，而是你自己的能量，它只是起到了调动的作用。

③ 多喝汤水

多进点汤汤水水，没事给自己煮个汤喝，煮点粥、熬个汤水都不错，但是如果湿气重，就要多吃些干饭。

④ 不机械地执着于早起一杯水

不要机械执着地早上一起床，就一定要灌一杯水下去。我早上起来，一般先看一眼自己的舌头。如果前一天水喝多了，又比较累，阳气不太够，舌头偏胖和湿一点，就会少喝点水，运动一下，振奋一下阳气。舌头回到正常状态了，才开始多喝点水。大多数时候我都不怎么渴,一天的下午,休息的间隙会喝点茶、闻闻香,那大概是我一天中喝水比较多的时候,闻香又能行气,可以帮助"脾妈妈"化湿。

⑤ 关于脸肿

"诸湿肿满,皆属于脾",大家早上起来脸肿了,从来都说是水喝多了,而不知道是自己阳气有点不够。如果有四肢、面部水肿,以及肚子、四肢胀满这些问题,第一个要想到"脾妈妈","脾妈妈"这个枢纽,运化水湿的功能有了问题,会有很直接的表现。

总之要多多关注自己的感觉,而不是要么不喝水,要么就喝一肚子水。最后可以记住一个日常喝水的"要诀":喝热水,一次三小口。

6

好好睡觉

养生是个说不完的话题，但它终究不是用来说的，而是行动了才会有实际效果的事。有很多同学告诉我，穿袜子、保持微微发热的体感、不吃生冷东西之后，身体状况得到了很大改善，这样的反馈，真的会让人觉得开心。

养生也不是一个可以功利求得一时见效的事，日积月累，慢慢地发现种种益处的感觉比较好，也比较持久。总的来说，养生是个习惯，是个对自己好的过程，自己都不心疼自己，如何期待别人来关心我们呢。

至于有人说，没时间养生，那就是个优先级的问题了。今天我们用身体作为代价换来的，将来说不定都要为了健康支付出去，最终，我们所努力的一切都是为了自己活得更好、更有品质。

说到生活的品质，就必须说到最基础的品质——睡眠。

睡觉是比吃饭更重要的能量来源。

大多数现代人都是缺少睡眠的，睡眠缺失是很多健康问题的根源，也是身体不够健康的结果。睡眠时间不足，质量不好，入睡困难，多梦，易醒，睡醒之后还觉得疲乏，这六点基本都跟"脾妈妈"有关。

睡眠不好肯定脾虚，脾虚之后，睡眠就会成为问题。这样就变成了一个鸡生蛋和蛋生鸡的话题：到底是脾虚导致了睡眠不好，还是睡眠不好导致了脾虚。

在出现具体问题的时候，需要具体分析。但可以肯定的是，脾属太阴，"脾妈妈"的充电模式是靠睡眠，靠月亮的能量完成更新。用中医的话说，没有在该睡觉的时候睡觉，大脑没有彻底休息，那么阳气无法敛藏，就不能化阴生血，身体这个机器就得不到该有的保养和能量储备，长期下去，人就会加速衰老。

身体的保护原则是牺牲末梢保内脏,被牺牲掉的往往都是我们在美的层面比较在意的头发、皮肤等。当土壤、树根出了问题,首先被牺牲掉的肯定是花朵。所以,每次说到怎么保养皮肤,用什么护肤品抹脸的时候,我的统一答案都是,好好睡觉,好好吃饭,不要着凉,不要生气。这些才是根本。

好好睡觉的十一条操作参考

睡觉也是个细讲起来很复杂的问题。希望未来可以从经典、从案例等角度,讲得更系统、细致,这里分享一些比较实用的操作信息,给大家参考。

① 多睡一会儿　② 睡饱　③ 尽量在晚上11点前入睡
④ 晚上少吃,尽量不吃消夜　　⑤ 气顺才能睡得好
⑥ 如果缺觉,找机会好好补起来　　⑦ 让自己早起
⑧ 睡眠也需要能量的支持　　⑨ 做"放下"的训练
⑩ 注意固定时间段醒的现象　　⑪ 照顾好你的颈椎

① 睡眠质量不高，建议多睡一会儿

睡眠时长和睡眠质量有关，如果是高质量的睡眠，七到八小时就够了；如果睡眠质量不高，可能的话，建议多睡一会儿。

② 睡饱——睁眼后想从床上蹦起来

如果家里有三四岁的小朋友，他们早上起床时的样子，就是无论怎么按回床上去，都不能再睡了，双眼放光，皮肤红润饱满，那个状态就是睡好了（眼睛是否有神，其实是衡量人的能量水平的最重要指标，早上起来看看自己的眼睛，就知道睡饱了没有）。

③ 尽量在晚上 11 点前入睡

什么时间睡很重要，原则上晚上 11 点以前一定要去睡觉。可以设一个晚上 9 点半的闹钟，到这个点儿的时候，就应该慢慢往睡觉的那个方向转移了。睡前静坐对心神的安宁很有帮助，或者听会儿音乐，看会儿书，不要看太刺激的电影。

晚上11点到早上7点，或晚上10点到早上5点半，这段时间睡好了，效果比凌晨2点睡到第二天中午要好。很多伏案工作的人，总是贪恋晚上的那一点点安静和集中，但是却不了解其中的代价。

你会发现，吃完晚饭，很自然地，8点多就会有点困，但是熬到11点之后，就精神了，因为子时之后，阳气开始生发，人就不困了，就开始透支能量了，长期的结果当然是气血能量入不敷出。可能的话，睡一个小时或半个小时左右的午觉，效果也很好。

④ 晚上少吃，尽量不吃消夜

胃不和则寝不安，中医治疗睡眠不好的症状，很多都是从脾胃入手。小朋友晚上吃多了，睡得就肯定不踏实，大人也一样。晚饭一定要吃好消化的，不要吃辛辣的或发物，最好就别吃姜了（这是在没有外感症状，不需以姜入药的前提下，那时候姜所针对的是人体中的病症），以前说"晚上吃姜如刀枪"的意思，就是晚上气血应该收敛了，再发散，会直接导致睡眠不好，也容易多梦。

⑤ 气顺才能睡得好

如果发现脾气开始不好,没有耐心,对看不顺眼的人和事变得忍耐度很低,这个时候,就要注意自己的睡眠情况了。气不顺就会睡不好,睡不好也会气不顺。压力和睡眠、消化系统之间有着很紧密的关联。

⑥ 如果缺觉,找机会好好补起来

如果长期睡眠不足,要找专门的时间一次把电充足。这就和电器一样,放电干净后再充满电的电器寿命比较长。所以如果缺觉,假期的时候不要忙着出门逛景点,找机会在家好好补觉。把觉睡足、睡够了,醒来会觉得世界特别美好。当然完全靠睡也不行,适当的体育锻炼,让四肢劳顿和大脑休息,也是促进睡眠的不二法宝,脑力劳动者的失眠问题都可以在体力劳动这个方向得到疗愈。另外,睡不好或者偶尔熬夜了,就要另一天早睡补回来。养生是个节奏问题,从每周五天晚睡,到每周只有一天晚睡，循序渐进，不要因为自己暂时不能做到，反而白白添了很多烦恼。

⑦ 先从让自己早起开始

早起才能早睡，改作息时间和倒时差的道理一样，先从早起开始。

每天早上都 10 点、11 点才起床，到了晚上自然睡不着。这做起来可能很难，但是也确实没有其他办法。不管什么样的原因和多么重要的理由，都不建议占用晚上 11 点之后的黄金睡眠时间。不过可以无限早起。原则上来说，如果足够早睡，3 点以后就可以起床了。早上 5 点到 8 点这三个小时，比夜里 11 点到次日 2 点这三个小时，效率高很多。当你清楚意识到作息习惯在透支自己的健康的时候，也会有所警醒吧。尽量早起，慢慢改变习惯，会发现人的精神状态会有很本质的改善。

⑧ 睡眠也需要能量的支持

睡眠也是需要能量支持的，人的能量越足就会睡得越好。人越累，尤其是心力消耗型的累，会出现一边困一边又亢奋得睡不着的状态，很折磨人。可以多喝米汤这样滋养的汤水，平时吃得健康一点好一点，饮食的能量对睡眠也是有直接帮助的。

⑨ 做"放下"的训练

大多数人都会因为心里有事而睡不好，这就需要做"放下"的训练了，而且可能需要用很长的时间才能做到。靠一句话，类似"你应该如何"这样的建议，基本上只会引发更大的情绪，我们需要的是真正放下，而不是一个"要放下"的情绪。如果天天苛责自己，基本上只会带来更大的情绪。静坐、写字都是帮人专注、放下的好方法。

⑩ 注意经常在某个固定时间段醒的现象

如果长期，或者相当长一段时间，规律地到某个时间段就醒，比如夜里 3 点、4 点、5 点，是值得注意的现象，可以去查一查经络循行流注的时间。

⑪ 照顾好你的颈椎

浅眠、睡不实也有可能是颈椎的问题。颈椎不好，压迫神经血管，大脑供血不足，也会非常直接地影响睡眠质量。要用正确的姿势使用手机和电脑，包括写字也是。随时提醒自己放松斜方肌和两侧颈部肌肉，包括肩膀。用一定的体育运动加强后背的力量，可以改善颈椎问题。

选择优质的枕头和床垫，是很值得的投资，想想，我们一生要花多少时间睡在上面？

7

别留大便

人的身体和自然万物交换的能量，有可见的和不可见的。可见的比如食物、水，不可见的比如空气。可见的物质，需要转化成能量才能为人所用。转化这件事是"脾妈妈"的工作，当"脾妈妈"罢工，就会直进直出，比如糖尿病人的尿，和吃什么拉什么、毫不吸收的腹泻。人的正常排泄途径有正常大小便和汗液(养生层面)，非正常途径有腹泻、呕吐和出血(失常或治疗层面)。

⌕ 正常的大便无外乎规律、成形

"成形"两个字是"脾妈妈"管理的重点，身体里的东西能够好好地待在原地,并且用一种"得体"的方式待在原地,都归"脾妈妈"管。所谓"阳密乃固",身体里的一切逾越出原有的范围,都是"脾妈妈"无力固摄约束的表现,比如胃下垂、眼皮下垂、胸部下垂、肚腩变大;比如出血、腹泻、例假时间过长、经期血量过多等,既是空间的,也是时间的。

说回大便。

第一,早起对大便规律很重要。

对大便起到重要作用的大肠经,当班时间是从早上5点到7点,所以这段时间都在被窝里的话,很容易就把最佳排便时间错过了。

第二,大便成形不黏腻,冲完马桶之后不需要动用马桶刷子。

另外,新鲜的大便不会恶臭,颜色不暗,这些都是健康大便的特征,如果不成形、软黏、拉不净,那么"脾妈妈"就需要被好好照顾了。

○━ 处理便秘问题

便秘很复杂，常见的有气虚推动力不够的便秘，这多见于面色偏白无光泽、平时懒得动的那一类人（总觉得张爱玲写的白玫瑰就是这种）。还有一种是血虚，津液亏损的便秘，即中医所谓的"无水行舟"，多有面色暗沉、脸上容易长斑、脾气很急易怒，有这一类情况的人，拉出来的大便都很干。

细分起来，还有很多种，但不管是哪一种，大便留在肚子里久了都不是好事。宿便留在肠子里，水分和毒素会被再次吸收，变成硬块，垃圾堆着就会生热，也会恶性循环，把大肠赖以健康的津液烧干。

对于便秘的问题，很多人喜欢用偏方，多是寒凉导致腹泻的方法，苦寒的泻药，或者早上起来吃个猕猴桃、西梅果干之类的，如果发现拉完之后舌苔变白，就是寒凉腹泻了。

从营养学的角度看，应该补充膳食纤维，或者吃低聚糖类让益生菌变多，不过这些多是"治标"的方法。比较极端的方法是洗肠，从中医的角度看真的不太推荐，太伤气。很多人为了减肥去洗肠，但是越洗大概会排便越困难，因为"脾妈妈"的约束作用被影响了。

治疗方式不能当保养方式，洗肠、灌肠、拉肚子，严重了会导致伤气脱水，腹泻久了心脏会有很大压力，尤其是老人。便秘同样会加重心脏问题，也容易导致中风、大便出血，一个管道出口不通，压力就很容易找别的出口。

所以大便问题是个大问题，以前修道的人讲，"若要不死，肠中无屎"，也说明了顺利代谢、及时排空对身体的重要性。关于这一点，可以比较主动地多摄入一些含膳食纤维比较多的食物，比如红薯和其他粗粮。早睡早起也很重要，早晨 5 到 7 点是大肠经气比较足的时间，阳气也比较振奋，人往往能比较顺利地排出大便。

此外我们也需要多观察自己，如果摄入一些食物，比如喝牛奶、吃辣的食物很容易腹泻，就要对这些容易引起肠道功能紊乱的食物有所节制。

8

学会养气

○── 别忽略"气"

对人来说,并不是只有"吃"这么一个获取能量的源头。《黄帝内经》中说,天给人的能量就是气,地给人的能量是食物,在"脾妈妈"掌管的嘴的上面,是肺管理的鼻子,经由它呼吸进出的气,是我们很少注意到的最重要的能量。

过去不能吃药的人,可以用鼻子闻作为服药的方式,古人孜孜不倦地研究那么多香的方子,不完全是为了风雅,也有非常实际的功能。

苏东坡在《养生说》里介绍过练习呼吸的重要性,

他练习了100天呼吸的方法，觉得保养的效果高出药物不止百倍，撇开天天琢磨吃什么，好好练习呼吸就可以让身体得到补养，何乐而不为？当然，"脾妈妈"之所以是"脾妈妈"，是因为维持肺经上的鼻子好好呼吸的能量，也需要从食物的基本能量里来。所以，先好好吃饭睡觉肯定是没错的，"脾妈妈"一虚弱，人是会气短的。

有条件时多去郊外走走，多到自然环境好的地方，呼吸质量好的新鲜空气是很好的事，但呼吸的空气和我们说的"气"不是完全等同的，这里的"气"指的是空气中的精微物质。在西方的研究里，"气"和空气中的负离子有关，我们则可以把它理解为能转化为能量的生命营养。

比如天然植物的香气是"活"的，因为里面有生命和能量，而化学香精就只有香气，没有能量。跟手靠近火就知道热、靠近水就觉得清凉一样，能量也需要感知，这是比物质更高一个层次的观察和体验，人安静下来时，比较容易感知。

○┐ 关注自己能不能开心，情绪是否稳定

现代人生活得很疲惫，主要原因就是对能量的不积累和滥用，<u>衡量自己是不是有能量的最简单的方法，就是看自己能不能开心，情绪是否稳定。</u>

当能量不足的时候，人很难开心。当你洋洋得意于自己是如何难以被取悦的时候，其实是身体的能量告急而不自知。而那种很容易就高兴、孩子气的人，通常是能量较足的，就像小朋友电力足，多么无聊的小事都可以开心享受地玩儿很久。

中国人的功夫体系中讲求气息流动，而养生的关键是开源节流，知道能量用到了哪里，让能量蓄积滋养，并且顺畅流通。暄桐的学生到教室第一天学写字，就要学习最基本的静坐，静以养气，通过静坐呼吸的方式，可以把耗散的心神收回，让能量回归和凝聚，在不同的文化和宗教中，这是一种共法。

在东方，呼吸是一门艺术，不管是道家的吐纳还是瑜伽的呼吸法，呼吸都是关键的能量和疗愈来源，儒家的静坐，尤其是心学体系，还强调诚心正意的专精。

《文心雕龙》里说,"是以吐纳文艺,务在节宣,清和其心,调畅其气"。古人的世界里,"文艺"也是我们与天地吐纳,交换能量的方式。总而言之,调气息、专心神,是养生的基本,可以当日常的功夫练起来。

每天用十分钟练习呼吸与静坐

我常常提醒同学,要是没有时间写字,至少每天的静坐作业是必须坚持的。认真练习呼吸的好处有很多,有一次我和一位学识渊博的中医大夫聊到中医和美容的关系,探讨皮肤如何才能不长斑、有光泽,他也提到呼吸吐纳会带来很好的效果。

除了鼻子,皮肤本身就是一个气息交换的通道,每时每刻都在呼吸,和外界交换着能量。只有当鼻子带动的身体皮肤的呼吸越深、越好,皮肤本身的新陈代谢才会加快,不积累毒素留在身体的表面。我想,仅仅是这一点,就足够有吸引力了。

可能很多同学会问,要不要进行腹式呼吸,建议先不用,放松下来自然呼吸。呼吸是我们最亲密的陪伴,先安静地自然跟随，而不是控制，和写字的道理一样，要以形生力，不要以力成形。

当然放松也不是一件容易的事，我们理解的放松，常常都是一种"垮塌"，松垮、懈怠带来的会是更多的紧绷。而放松是轻松有力的专注状态，它也需要能量的支撑。

所以，好好吃饭，好好呼吸，每天拿出临睡前的10分钟，认真练习呼吸与静坐，坚持一段时间，你会发现自己有很大的变化。

静坐和呼吸，细讲起来内容很多，暄桐教室的同学通常要花半年的时间认真读完一本《童蒙止观》，这才算真正开始了解和入手了，如果感兴趣，也可以先了解一下。

简单的静坐方式

① 用身体没有负担的姿势坐下来，轻闭双眼，把所有注意力放在自己的呼吸上，不要刻意控制呼吸的速度和深度，只是安静下来，像静心看一幅画那样，观察

自己的呼吸。

② 从呼气开始,觉察到自己的呼与吸,在三四个这样有觉知的呼吸之后,它会变得慢和深长起来,身体也随之慢慢放松。

可以温柔地看着气息如何进入身体,再如何从身体离开,如果足够细心,这个过程很有趣,不会觉得枯燥,人也会随之平静下来。

③ 如果很容易走神,注意力会从呼吸上溜走,发现的时候,只需要轻轻把注意力重新专注到呼气和吸气上。呼吸是心灵和身体之间的桥梁,当专注呼吸的时候,心就从万马奔腾的状态回到了身体里。

④ 每天先花十分钟的时间,来练习呼吸和静坐,尤其是临睡前,仅仅是这样,通常就能极大地改善睡眠的质量,也容易入睡。

☯ 他们说静坐

朱锡绶(清):不静坐,不知忙之耗神者速。不泛应,不知闲之养神者真。

大卫·林奇（美国）：静坐很像充电，这样的能量不是从外界来的，而是从自己身体里面来的。每个人身上都有一个地方，那里有源源不绝的智慧、创造力、快乐、爱、能量和平静。

朱熹（宋）：人若于日间闲言语省得一两句，闲人客省见得一两人，也济事。若浑身都在闹场中，如何读得书？人若逐日无事，有见成饭喫，用半日静坐，半日读书，如此一二年，何患不进。

吴麟徵（明）：疾病只是用心于外，碌碌太过。

程颢（宋）：静后见万物皆有春意。

约翰·列侬（英国）：通过静坐冥想，我发现了能量，其实它一直都存在。以前我只能在事事顺心时才能找到它，但是通过静坐冥想，它就像倾盆大雨一样。

9

想让头发好，
请供好"脾妈妈"

"发为血之余，肾之华"，也就是说头发是肝血的直观表现，也是肾气的晴雨表。

肝血充足头发就好，肝血不足会白发，进一步会脱发。

"血之余"中余的意思是富余，就像我们存起来备用的闲钱，一夜白头的情况就是肝血急用，备用金消耗得太厉害。

头发是否有光泽跟肾气有关。确实也有遗传的因素，父母头发多，孩子就会头发多。当然传统相学认为头发不是量多就好，顺滑秀美才是好。这些信息医书中都有，有兴趣可以去了解。头发长在头皮上，头皮是土地，头发是花草，这与脾和肝的土木关系对应。"脾妈妈"主肉，"肝血之余"的头发长在肉上，"筋之余"的指甲也长在肉上，"骨之余"的牙齿也长在肉上，"脾妈妈"如果不适，这些长在土地上的东西就会受影响，就跟家里的妈妈不高兴时一样，想"收拾"谁根本不需要理由，随手都是题材，哪里都是切口。

所以无论怎么补血，吃多少黑芝麻，如果"脾妈妈"不能很好地运化、升清降浊，想要供给头发的营养，就会被五脏六腑的需求截获。原理就是能量都是先保躯干，保核心生存的需求，头发则几近于离生存最远的审美需求，一笔预算，最后有个零头分那儿就不错了。

比如"脾妈妈"最怕的痰湿，体现在头皮上，便是油头，如脂溢性脱发。中医的理解中，就是"脾妈妈"运化失利，浊气不能下降，清气不能上升，升清降浊这种基本功能失常，表现在头皮是油头，表现在脸上就是脸出油、长包，表现在大便上就是黏稠不成形了。

所以吃点什么，或者用什么功能洗发水，功效也基本在改善一下头皮环境、去点油的范畴内。土壤质量决定了草木，所以想要头发好，还是得供好"脾妈妈"。

让"脾妈妈"舒坦，首先便是要早睡。你会发现，只要熬夜，头发会油得很快，掉得也猛，"卧则血归肝"，不睡觉，心神耗散在外，肝血就无法敛藏和生新。血不足，肯定就要调动头发这种备用系统，小金库中存量本来也不多，一调动就消耗没了。晚上11点到凌晨3点这段时间一定要是睡着的，否则时间久了就会肝血不足，辛辣、油腻要减少摄入，吃得清淡点，帮"脾妈妈"节约点能量。

肝血的层面还包括情绪，所以要注意放松，白发、脱发都跟压力直接关联。很多女生一看见地板上有头发就很紧张，这种紧张情绪会加速掉头发。植物都会掉叶子，还会再长，每天掉一些很正常，有新的生长就好。至于为什么男生比女生容易秃顶，因为头顶是肝经的范围，男生阳气胜，阴气本来就容易不足，加上又习惯压抑情绪，不像女生爱哭爱闹心情容易疏解，所以肝血更容易供不上了。

所以放松自己，好好睡觉，让"脾妈妈"舒坦，就是对头发最重要的照顾了。

📖 本章推荐阅读：

《童蒙止观》

《东坡养生集》

为"脾妈妈"分忧八小条建议

① 早睡。

② 饮食规律,吃天然清淡的食物,三伏天要更认真戒寒凉。

③ 夏天不要出大量的汗,出汗之后要及时补充水分,喝温水,一次三小口。

④ 少折腾,不生气,多休息。可以的话,记得睡个午觉,或静坐,半小时就可以。

⑤ 不疲惫的时候做适当的体育运动。

⑥ 不轻信各种放之四海而皆准的养生方法,如果有,就是以上五条。

⑦ 无法缓解的问题,去寻求专业医生的建议,而不是寄希望于各种来路不明的招数(现在有很多专业机构为了赚钱,发明了不少治不好也不出人命的方法,这是时代的无奈。但永远记得,人只要不贪心,不求捷径,关注自己的感觉,就很难上当)。

⑧ 珍惜那些有医德,为病人长远考虑,好好看病的好中医。要好好养生,少麻烦他们,把看病资源留给真正需要他们的人。

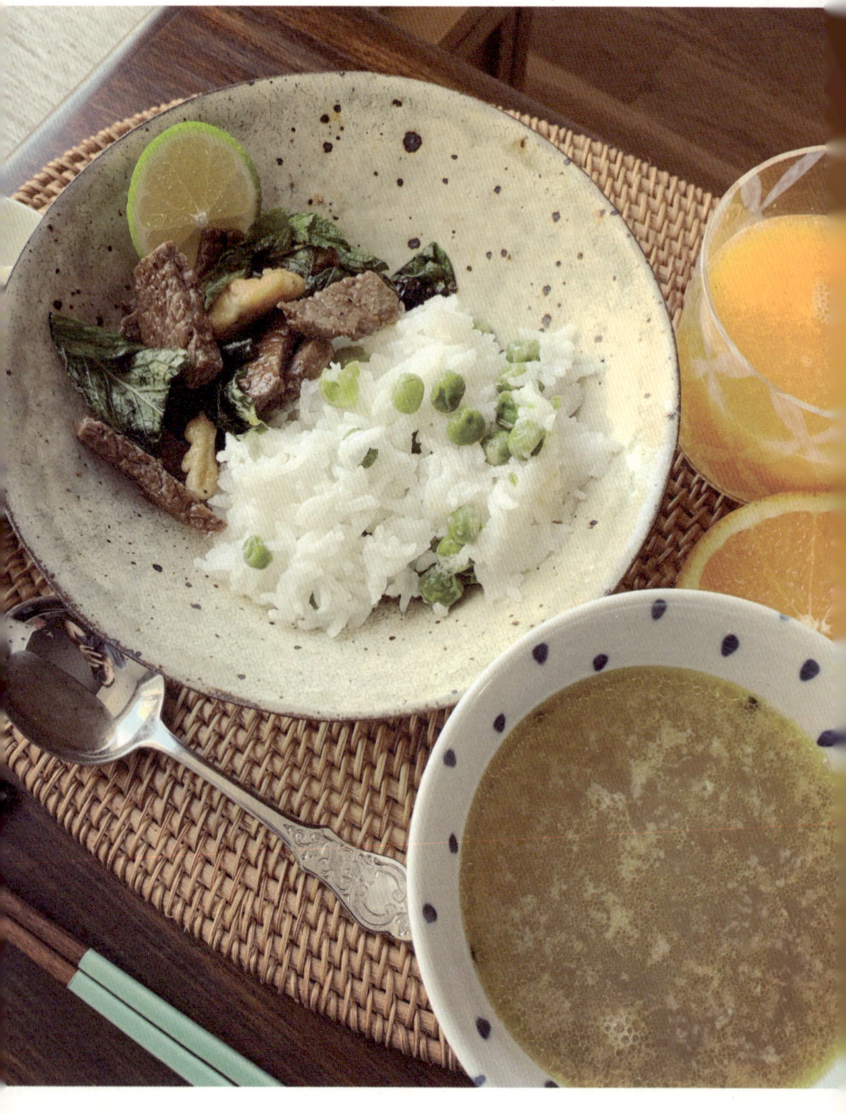

早睡，保暖，
少贪油腻，不生气

七

关于美的杂说

1

自己感觉好
比看上去好重要

减肥,几乎已经是每个女生终身为之奋斗的主题了。

我觉得,仅仅"减肥"两个字就很令人沮丧,因为这已然承认"我很肥"。相比之下,keep fit(保持健康)比减肥听上去更令人振奋一点。

大概是因为到了一个不那么在意别人眼光的年纪了,我对减肥这件事已经不再执着,觉得维持一个令自己舒服的状态就好。所以我的 keep fit 就是持续微胖。我的身高是 163 厘米,体重在 106 斤到 110 斤之间浮动。我也听过"好女不过百"这样的说法,但是100斤以下的体重就没有在我的世界里出现过。

我是胖瘦都表现在脸上,胖也胖在脸上,瘦也瘦在脸上,总是觉得脸一瘦,看上去就没那么高兴了,我觉得自己的圆脸、圆眼睛、圆鼻子很相配,显得吃得很好,有福气的样子。

其实胖瘦是否好看是时代的审美。如今对瘦的追求与审美,先不说是不是真的好看,做到真的很难。因为这不是以眼为衡量标准,而是以镜头、照片、影像为衡量标准。

不少人私下里见到我都说,你本人看上去和照片不一样啊,真人看上去还挺匀称的。照片,尤其视频里人的状态,跟灯光、角度、摄影技术关系太大了。

所以对我而言,要保持体态,比较省事的方式是维持一种舒服的运动节奏,没时间运动的话,每天走两公里,买个跳绳,早上起来做点徒手的运动。只要想动,场地、器材都不是问题。

对体重这件事不要太在意,因为重视密度比重视重量来得实际。总的来说，我比一般 110 斤的女生看上去瘦点。如果看上去体积没什么变化，其实体重再长点儿我觉得也不是坏事。

从健康的角度讲，身体库存不要太少。如今大家都追求飘飘若仙的轻盈状态，但如果女生身体里没有脂肪，激素水平就会受影响。

曾经在跟诊的那段时间观察了很多病人，后来默默总结了一条规律，微胖一点的病人比瘦人耐得住折腾；如果太瘦，身体万一有些什么问题，治疗的时候就有风险。

但也有想胖却怎么都不长肉的。其实这还是要看脾的运化是否正常，过胖或过瘦都是脾的运化制约失灵了的表现。还是那句话，戒生冷，穿袜子，吃好睡好，适当运动，保持好心情，渐渐地，身体会回到平衡。

很多女生肚子上永远有减不下去的肥肉，都跟寒有直接的关系。身体不会管你好不好看，当某处寒了，身体会自动给你脂肪保温，就好像给肚子里裹了条棉被，其结果可想而知。

我的观点是，自己感觉好比看上去好重要。看上去好看是给别人看的，自己觉得舒服平衡，是自我时时刻刻最真实的感受。不发冷不挨饿，这是人类基本的需求，何苦减肥减得"饥寒交迫"呢？

关于复胖，我觉得也很正常。减肥是很负面的应急概念，因为要不断地在潜意识里否定自己，结果就是：一旦这个应急状态消失了，就会回到常态。如果是为了健康美丽，维持一个令自己舒服的体重密度常态，这样的心态就容易成功很多。

愿亲爱的你们都有好胃口、好气色、好身材。

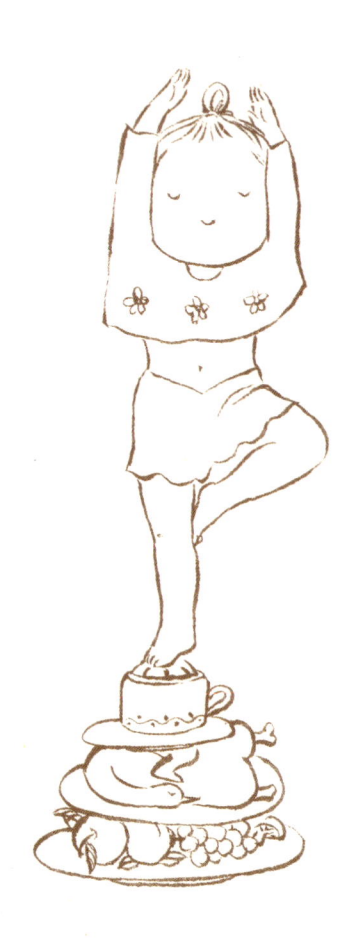

2

有余量才运动

身体的能量有余量才运动,这是一条原则。

吃饭、睡觉是存钱,运动、工作是投资,光花不存、光存不花都是不平衡、不健康的财务模式,有时候看到很多精英已经很疲累,还要去跑马拉松,会忍不住在心里为他们捏把汗,因为对于这样的状况,是应该先好好保养的。

我早上通常会做会儿瑜伽。瑜伽的本质是气的流动,它锻炼和激发人内在的能量系统,是在"气"的层面。

现在有一些瑜伽的练习过度追求体式,这样很容易受伤，所以不要追求高难度的动作，而要追求练完能有一种能量充沛、缓和的感觉。

如果有时间，我会去健身房做简单的拉伸器械有氧运动、拳击之类的，一个半小时，不会太累，不出大量的汗是我的标准。

在健身这件事上，很多人都容易练"过"了，就跟投资要谨慎一样，我们流的每一滴汗水都是自己的气血支持的，如果认识到这一点了，就不会在挥汗如雨的时候只觉得很厉害、很过瘾，而是会想想，这样亏不亏，怎样安排才是适合自己的。

另外，我自己运动的主要目的是不节食，吃好睡好对人来说很重要。吃好睡好能量足了才能运动，运动激发了阳气，使循环更通畅，于是吃得睡得更好了，这才是正面的循环。

睡不好吃不好，然后试图通过运动来改变现状，是很多人的想法。但是这样就尤其需要适量，一旦觉得心慌、多汗、无力、大脑不转、入睡困难等，就需要警惕，因为这些是典型的能量告急的状态，需要小心。

运动后的拉伸恢复很重要。它能促进肌肉的血液循环，放松充血紧张的肌肉和筋膜，缓解疲劳和酸痛，并且可以帮助我们塑造更修长、更美的肌肉形态。

3

穿衣心得：
先让自己舒服，再考虑
好看的事

夏天，穿好看的长袜子配凉鞋，是养生控觉得两全齐美的穿法。

我总跟大家讲，脚踝着凉是个很麻烦的事，尤其对女生来说。如果迫不得已，实在不适合穿袜子，我会回家用热水泡脚，再微微艾灸一下。

其实上衣宽松最显瘦，衣服贴在身上，就很显胖。微胖人士最好选松身、衣服不绑在身上的款式，面料稍微有点厚度，垂感好的，线条就会自然显现，就不容易露出肉肉的形状。

宽袍大袖就显得比较洒脱，而旗袍一类的，也很美，但有时候会让人有点不自在，需要找到适合它的环境。有一些刻意凸显女性特征的服饰，如果与自己的特质和性格不符，容易让人处在紧张中，有的时候，还会有一些取悦的意味，也因此不太能放松做自己。我自己比较喜欢的是一些"时髦少年"的穿搭，会有种"安能辨我是雄雌"的孩子气。

再瘦的人，坐下来肚子上都有肉，如果介意，就穿大一点的衣服，Oversize（大号的）总是很保险。

一直很喜欢 Chanel 女士在她那个年代，勇敢地用松身长线条和廓形让女生舒服自在起来的理念。舒服重要过好看，好看是取悦别人的，舒服自在先满足了自己；自己舒服了，脸上才有温暖如春的笑意，才真的美。

会穿的人都会追求一种平衡，就和做菜一样，是一种味道和调性的平衡。和我们学习写字轻重快慢、虚实疏密的节奏一样，单一容易乏味，变化丰富的就很有趣。除此之外,我个人更倾向于一种柔和的、没有攻击性的美,随之而来的是一种心底的柔和,对于他人而言,也有一种容易亲近的友好。

祝大家既穿得暖和不着凉,又找到符合自己的风格,穿得美帅美帅的。

4

越是心爱的东西，越要变成日常

《日日是好日》那本书里说，重的东西要轻轻放，轻的东西要重重拿起。好货贱用是个原则，越是好的、心爱的东西，越要把它变成日常。

记得很多年前参加爱马仕的活动，看见一个老太太拎着一个名牌包包，里面乱七八糟装着吃的喝的，我夸她的包好看，她说："哦，我用它工作和买菜。"我当时估计就是用迷妹的"星星眼"望着那个酷酷的阿姨，觉得她拿个纸袋都美，这真的比煞有介事地给包儿拴上蝴蝶结，供着的那个状态帅多了啊。

我知道一讲到这里，大家就又要说到钱，但我始终觉得这和钱没啥关系，而是和自己对生活的态度有关系。每个人在自己的能力范畴内，都可以活得优雅、可爱，钱只不过是最容易的托词、借口。

前一阵，一位朋友很认真地给自己的烟和打火机做了套衣服，很可爱，他说是因为觉得烟和打火机不够好看。有一类人就是这样，很愿意把日常和日常中的自己放在心上，悉心又投入，就像古代的文人会在打扫时留下窗台上的青苔，因为觉得，那一抹颜色，是供养自己的一抹山林气。

写《浮生六记》的沈复，生活并不宽绰富裕，甚至在很多时间里都是窘迫的，但这和他从一点一滴处经营生活、宠爱自己并不相违。我很喜欢他写的那些生活细节：如何置备才能在远足时有热汤水可以喝；如何在日常中取材为自己制作假山盆景；哪怕是暂住一个月的地方，也在篱笆边种满了菊花，想等着中秋时分再来赏菊赏月。有钱活得不好看的人很多，没钱活得潇洒有风格的人也很多，所以不要浪费时间，每天都和自己喜欢的事物在一起，每天让自己更喜欢自己一点，才不辜负生命。

　　人是主人，是游戏的玩家，是有智慧让自己活得有品质的生命，不能变成物的仆人和管家。而物尽其用，是物的幸运。

5

五脏其华在面，
关于护肤品的一点看法

我在护肤上比较懒，因为从小没养成习惯，就经常懒得涂防晒，除了去海边和一些特别晒的地方会涂一些防晒的用品。

也没有什么一定要用的牌子，自认为做得比较好的就只有清洁和保湿。清洁上，近来喜欢不起泡的洗面奶，有些起泡的洗面奶洗完会觉得有点干。日常间比较注意保湿，反而是抗老、除皱一类的功能性面霜很少用。其实各个品牌都有保湿系列，选自己喜欢的就好，可以多涂两层，不用省着，保湿是最基础也最重要的一步，且做好了，脸不会太油。

面膜我偶尔才用，也基本只用涂的，不太用贴的。原因是贴的面膜在脸上很凉，中医理论认为脸上是足阳明胃经主要经过的地方，一片凉凉的东西贴上去，不太舒服。如果要敷面膜，我也会在热水里泡一下。希望你们不要笑话我，我还是坚信吃好睡好心情愉快，对皮肤的影响比较大。

望诊的基础就是"五脏其华在面"，脸是五脏六腑的花朵，它是一个结果，我们想要美容，还是从原因上下手比较彻底。把土壤、营养打理好，枝叶、花朵自然就好。

气血充足，脸色肤质自然好。气主要体现为光泽，脸上没有光泽的主要是气虚。血主要反映为色，脸色是否红润，肤色是否暗沉，跟外在的环境关系较小，跟体内气血情况关系最大。

一种恶性循环便是金玉其外，内在越差就越依赖化妆品，越化妆就越掩盖问题。

我想从健康的角度，还是应该更关心自己从里到外的美，健康开心，人就容易好看。

6

学会保暖的功夫

○┐ 保暖的标准：微微发热

记得春天的一天，我觉得很冷，就立刻翻出了羽绒服、帽子和围巾，出门吃早饭去。一路上，阿姨、奶奶、叔叔都冲我乐，显然我比他们穿的又多又厚了。

但是我觉得很暖和、很舒服，于是我也笑得很开心。

关于保暖这个话题，我给大家的心得是：保暖的标准不是不冷，而是要微微发热。

所谓微微发热，就是保持良好的循环。试着坚持一段时间，你会发现身体的新陈代谢、过敏问题、气色与睡眠状况，都会有相当大的改善。

很多人都以自己不怕冷为傲，以为人冻久了就抗冻了，其实是冻得麻木了。

长期受寒会演变出很多复杂的问题，尤其对于女生，寒是大敌。所以要养成习惯，出门包里随时备着羊毛披肩、袜子、暖宝宝。脖子、脚踝、手腕、肚子、后腰，这些是保暖重点。现在流行不穿袜子，觉得比较好看。真是很无奈，美是美的，只是代价有点大。

有朋友跟我说，觉得冷一点比较精神，或者总是觉得口渴、发热，稍微一动就出汗，其实这是虚热的表现，就像锅里水不多的时候，噼里啪啦冒热气的状态。

人在好的状态是动静自如，寒热影响不那么剧烈。一动就出汗，尤其吃个饭会浑身大汗的，通常是脾胃中焦不太通畅了。

⌒ 外在保暖做好了，还有内寒要注意

外在保暖做好了，还有内寒要注意，水果、生冷食物和冰激凌确实该少吃。我其实偶尔也吃，但吃完肯定回家煮杯姜水喝。绝大多数的时间里，我喝比体温高的

热水。

水果偶尔尝鲜，从小也不太爱吃水果、喝牛奶，长到现在好像也没啥大毛病。喜欢吃水果、喝冰水的大家，我不劝，因为特别不喜欢以"自己觉得自己正确"的那种令人生厌的态度，打着"我为你好"的旗号干涉别人。

在课上我都会和学生说，你觉得老师的建议有道理，有点参考意义，就可以抱着试一下的心态，用一个月时间喝热水、穿多点，感受一下。如果觉得舒服有帮助，就继续；觉得坚持不了，也不要勉强。

因为，毕竟我们所做的一切都是为了活得更开心，不是为了天天都提心吊胆，怕犯错误。整日紧张兮兮的，对健康更不好。这也是很多人开始养生之后，身体还不如以前好的主要原因，太执着会变成另一种病。

我认为我的保暖工作做得还是不错的，人生中基本没有体会过这里痛那里痛，女生的生理期痛也没怎么体会过。记得在美院念书的时候，我的同屋每个月都十分难受，要吃止痛药，情绪也不好，后来在我的影响下，多穿衣服、多喝热水，慢慢就改善了。包括现在流行的花粉过敏，很多过敏都跟寒凉有关，当然皮肤问题、荨麻疹之类的，和焦虑更相关。

胃的经络内支连接肺，所以喝了冰的，一会儿就容易流鼻涕，内寒是个很麻烦的问题，要尽量避免。

我喜欢中医，当年也认真想过要参加执业医师考试，所以在很多场合里，我被问得最多的话题之一，就是"我该吃点啥"。

我想，这个问题最充分反映了人不愿意改变生活习惯，希望有一种灵丹妙药把过去的一切一笔勾销的愿望。但是，真的抱歉，世界上并不存在神医、神药、神仙水。再神的妙药能解决的，都是一时的问题。最终把握我们健康的是自己。"三分治，七分养"，我觉得如果养能做到九分，你对那一分的依赖就少了，何乐而不为呢？

○┐ 夏天的禁忌：饮食之寒、空调之寒

夏天下雨比较多，闷热的天气多起来时，"脾妈妈"

的压力就变大了。

所以，你应该已经知道我想说什么了，就是夏天尽量少吃生冷的东西，不要贪凉，不给"脾妈妈"找麻烦。

有一种情况很常见，在室外出了汗，到室内马上被空调凉风一吹，毛孔从张开到突然紧缩，汗被风关住了，会出现各种的疼痛刺痒，以及胃口不好、烦躁的症状，进而睡眠也不好、容易咳嗽——寒气包住了火，就会有各种不舒服。

《黄帝内经》说：虚邪贼风，避之有时。

"避"字是个特别有智慧的字，便是不对抗、不硬来，在事情发生前便预先处理或避免了，就像在夏天，与其说学会怎么处理受寒，还不如多学着怎么不受寒。在冷气凶猛的各种室内场合，可以在包里常备着披肩、薄外套，可以用好看的袜子护住分布了重要穴位的脚踝。

晚上睡觉前，可以提前把房间的温度降一降，但最好不要开着空调睡，也最好不要在有穿堂风的房间睡觉。这些都是小小的细节，但都值得注意；如果真的受风了，治起来还挺麻烦的。贪凉一时舒服，但会有很多的后患，比如受风加上压力，最容易出现荨麻疹，还有就是闹肚子。

"脾妈妈"被湿寒困住的时候，可以点一些祛湿化浊的香，香气化湿行气，闻一闻会清爽很多。

饮食不要油腻，如果去海边之类的地方度假，也不要在暴晒之后喝冰的饮料，这对"脾妈妈"来说太刺激。备一点藿香正气水，出现暑湿困脾的症状，比如脘腹胀闷、腹泻、恶心、困重等时及时喝一点。

夏天人都容易心烦和困倦，除了避免受寒中暑，还要保持比较平和的心情。

我们的传统中，夏天要避暑安居，要多休息，所以再唠叨一遍：心情平和少情绪，不着凉，早睡，饮食清淡规律，提前做好"避"的功夫，让"脾妈妈"处在安全和舒服的状态中。

📖 本章推荐阅读：

《日日是好日》

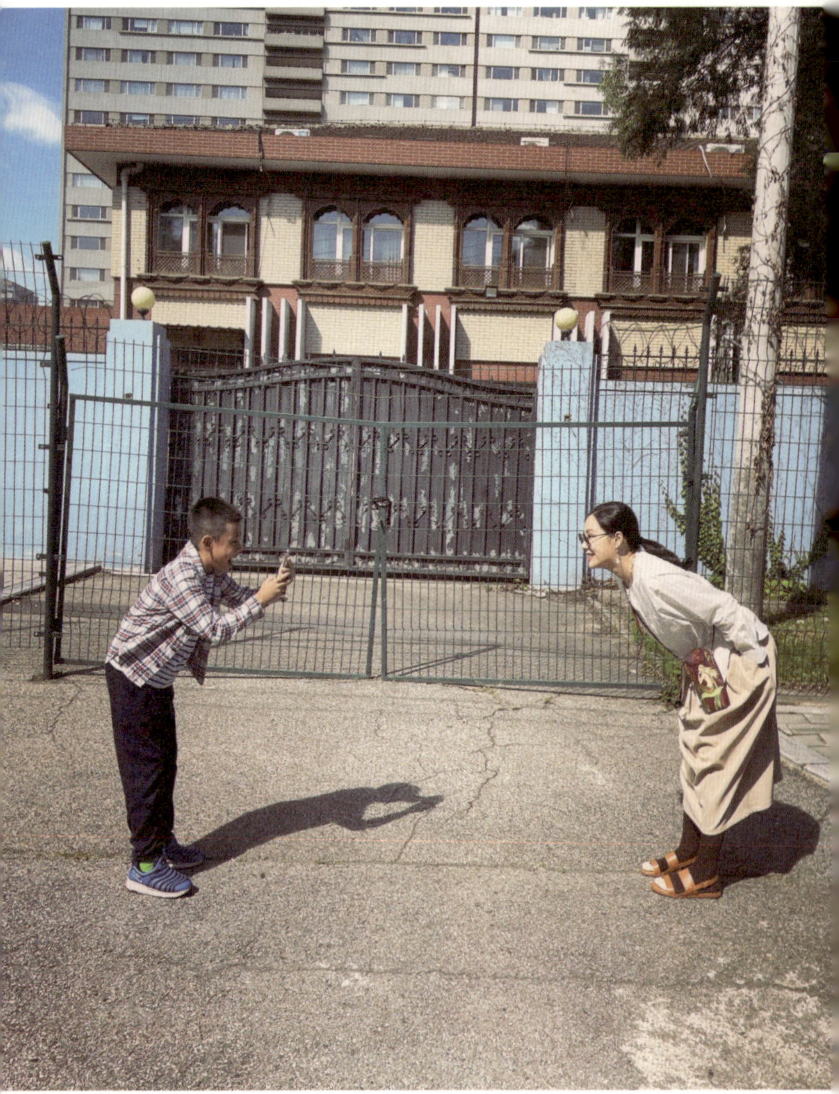

自己觉得好，

比别人看起来好

更重要

延伸阅读

先做一个空杯子
——关于中医学习的一些心得

1. 中医养生的四个原则

从基础学习的角度,我们可以从四个方面来概括中医的养生原则:关注正气,臣服差异,常识感受,不求作为。

① 关注正气消耗去了哪里

在人体里,正气、邪气根本就不会孤立存在,就没有一个单独的东西叫邪气,就像人身上没有一个单独的属性叫"坏"一样,它只是放错了地方,处于一个不合适的时空和位置,于是呈现出来一种品质,叫"坏"。 所以关注身体,关注生命,首先,需要关注

"正气";所谓关注正气,最重要的就是要关注正气消耗去了哪里。

在我的观察和体会中,消耗大致有三类,具体到每个人会有所不同,但是基本上这三种情况比较普遍。

第一点是控制欲,用佛家讲法,就是执着。就是去控制一个人、一件事情,按照自己希望的进程发展,而不是按照它的自然情况发展。

一个学生曾跟我"控诉"她妈妈的控制欲太强,什么事都要管,我说其实还是你自己的控制欲太强。原因很简单,如果是街上随便一个人对着你唠叨,你是不会有过激反应的,为什么对妈妈的唠叨反应就特别大呢?其实就是因为你想要控制她对你的看法,控制你们的关系。妈妈唠叨你,是因为她觉得你不够好,而你必须让她觉得你够好,于是要反抗,这同样也是控制欲。

不是说控制欲都不好,关键在于,我们往往想要控制我们无法控制的事情,这是不能随缘的表现。随缘的意思就是,随顺一件事情所应该有的发展,而不是按照我们的意志来转移。想要转移它,就要消耗气,这是一种最典型的消耗。

女性的一个特质就是控制欲强,所以很多女性的病,都要从肝治,因为女性天生肝气旺。肝气在中医里叫"勾芒气",就是想把一切都控制在自己的范围里,比如很多美其名曰的"我为你好",实际上就是控制欲在作祟。

如何应对这种控制欲?最简单的办法,就是禅宗讲的"扯脱"。比如说自己今天很烦,写两篇字,马上就扯脱转移了,心理上也觉得舒服很多,这就是能量又回到自己这儿了,人的身体本身,就有自己的智慧。

第二个消耗点,是对自己不满。

当然对自己不满也是控制欲的一种表现形式,不仅得控制别人,还得控制自己。当发现自己不比想象中美和优秀时,或是觉得自己都这么好了,但就是没有人认同时,都是会消耗巨大的能量的。这种在否定自己的基础上的不平衡状态的心理,是非常消耗能量的。

第三个消耗点和第二条直接相关,是指在意识到自己的不满情绪时,试图将其转嫁出去。

事实上，在意识到自己的不满情绪后，承认它，并尽快将这种不满转化为行动才是最节能的方式。

一年四季中，如果春天不播种、夏天不生长、秋天不收果子，那我们冬天储藏什么呢？始终要将能量投入到循环当中，以及更快地更替，才符合生机的规律。

行动是最节能的，最不节能的是纠结。让纠结停留在思维中，不断耗神，这个阶段是最消耗的。

如果我们能意识到这些，并做出处理的话，那么消耗八成已经回来了。事实上，最可怕的一种情况就是身体完全不累，但是脑子和心已经累得提不起精神做任何事了。人有两大"可接受"和一大"不可接受"。可接受的，一个是我玩得特别高兴，今天什么事都没有干；第二个是我今天特别忙，做了特别多的事情。不可接受的是，我天天特别忙，但基本上没干什么事。如果是这一种，意味着人生可能正处在一个非常严重的消耗状态。

② "臣服差异"：先理解自己

以中医养生来帮助和照顾自己的一个前提是：理解自己。

现在，不管是中医、西医，都在尽量地想要寻找一种比较接近于普适，或者放之四海皆准的诊断和治疗标准，比如什么样的脉正常，什么样的人睡眠时间正常、消化能力强等等。但实际上个体间的差异非常大，有些人吃十只大闸蟹都没事，有些人吃一只第二天就咳得不行。所以，对待个体间的差异，我们没法儿选择一个固定不变的标准，只能接受、臣服以及了解它。

也就是说，我们的心神——住在身体内的"皇帝"，只能让他"喜乐出焉"，哄着他高兴，只能揣摩和体会他的意图和秉性，而不太能改变他。

现在有些人学中医，涉入不深，但太求结果，动静太大，甚至试图改变自己的本性。我见过有人学中医之前还白白胖胖的，学了中医以后反而开始面带菜色，脸色蜡黄，能吃的东西越来越少，对自己的限制越来越多，这完全与学习中医的本意背道而驰了。本来是想让自己更有力量、更自由，但却因此被"绑"住了。当然其中还牵扯到一个法度与自由的关系，只有当人把法度活成自由的时候，才有真正的自由可言，不然代价会很大。

在能够臣服差异的同时，你还要理解自己。每个人的禀赋都不一样，每个人来到这个世界上背的"八宝箱"，里面的武器装备各不相同，而且别人的武器你又无从知晓，所以先了解自己的所能才是正经事。

此外，还要时刻记得的一点是，看病、养生，不是大夫一个人的事。

好的大夫，可以通过观察得到一些蛛丝马迹，但大夫毕竟不是神仙，何况时间宝贵，他很难有时间和精力来细细体会和观察你。遇见好中医是一件奢侈的事情，像古代的中医，如果跟一家人是世交，便恨不能为其一生负责。今天的大夫，能为你负责三年，已经可以感激涕零了。

其实，如果一个人足够自律和心定的话，是不太需要那么多外界的力量的，有时候大夫的一句话，已经可以受用很久了。

我们要明白,大夫跟病人之间是合作关系,常说的"三分治,七分养",就是说我们自己要对疗效做一定的维护。如果大夫好不容易给你治好了,你不听医嘱喝了一次冰水就让治疗功亏一篑,双方都是很冤的。

还有一件事需要理解,中医跟艺术非常像,每一个大夫的治法跟他的性格、才能都有很大关系,所以前面说的差异,还包括大夫的个体差异。

③ 不偏离"常识感受"

在生活中,能够保护我们的往往是我们的常识感受。常识感受是指一种普适的、连一个没有任何基础知识的小朋友都能判断出来的能力。就像《皇帝的新衣》里面那个说真话的孩子,我们需要真诚地去面对自己的真实感受。

信中医和信佛都有类似的问题,我们会发现,一旦踏入一个有大量专有名词、大量新概念的领域,大家很容易就关闭自己的常识系统,即我们对好坏的理解被一些现成的意识和倾向控制了，而不再相信自己身体的真实感受了。

比如明明以前挺自在，活得挺开心的，即便是在街边的"苍蝇馆"吃得也挺高兴的，但突然有一天就变成了一个只吃青菜的人；明明已经吃得脸色蜡黄，却还说是在排毒；明明这个状态并不好，还非坚持认为是好的。

认真观察自己，我们会发现一旦偏离了常态之后，身体就会有预警，这就是人的心神中自有的自我保护机制。所以不管是对中医还是对传统，都不要脱离常识感受，不要为一些先入为主的判断所左右了。

④ 可以"不求作为"

老子说，无欲则刚。如果身体里的"君主之官"，也就是心神虚了，无论干什么，前景都不见得好。

以钱来打比方。一个人在自己毫不知情的情况下，把自己的能量交给其他人，相当于在毫不知情的情况下，把自己的银行卡连带密码一起交给别人，告诉他随便花，这是很危险的。

如果把自己保护得足够好，没有什么大问题的话，平时生点小病自己养一养也就好了。

所以不求作为的核心就是"不作不死"。我总是不厌其烦地说，针灸、拔罐、推拿、汤药、艾灸、刮痧，这些其实都是医疗手段，都需要具有相当完备的专业知识，清楚经穴关系才能操作。

当然，也不是说刮痧、推拿这些就不能做，重点在于以辨证为前提，才能准确出方，控制好精度。轻为补，重为泻，有些人明明特别瘦，去做推拿时还要求按重一点，这就会导致泻得很厉害。如果不是把自己搞得特别累，你也不会想按摩，我们说虚则喜按，实则抗拒，通常按重了，当时舒服，过后都是要付出代价的，这就是鸡生蛋、蛋生鸡的问题。说到底还是要看具体情况。

有人问我关于对吃素的看法，我想宗教性质、与慈悲心相关的吃素则另当别论，那本来就是一种为了其他生命牺牲自我的选择。从养生的角度，能不能吃素，要看身体有没有吃素的需求和底子，现代人每天消耗太大，如果硬要吃素，身体不一定承受得了，所以还是应该因人而异。

道理大家都能听懂，这就是常识。常识可以解决很多问题，但为什么很多时候我们不能够运用常识来保护自己呢？大约是因为我们的眼睛已经被高级、优越，或者从某种程度上说，被自己的期盼给遮住了，这便是所谓的"所知障"。抛开超进度的投机想法，踏踏实实地去做，才是养生的正确途径。

2. 了解传统中医，先做个空杯子

① 打破已知的局限

十年前，我决定要好好学中医，一半原因是对生命的好奇，另一半的原因是我的老师特别可爱，说我很适合学这个，因为我很爱美食，所以老师就会下厨做好吃的哄我学。

我需要做的事情，就是老师出诊的时候在旁边看着，打下手。按照我自己的学习习惯，应该是先开个书单看起来，老师虽然是个学霸，但却说了一条规定，不许看书。

不许看书？真是不敢相信自己的耳朵！后来学明白一点了，才觉得老师很厉害，这种因材施教、对症治疗问题的思路，就是中医里讲求的辨证论治的能力。

后来老师也解释了采用这种教学方式的几个原因：

第一，我是爱看书的一个人，自己会主动去看很多。确实也是，前半年的禁读期过后，我就撒欢儿似的往每天看一本的节奏里去了。

第二，如果是靠学理论来支撑，最常见的情况就是"咦，为什么每个病名儿我都能对号入座呢"，或者是"病人为什么不照书上说的生病呢"。中医学一学，就会发现理论和实际差得好远，因为被总结出来的经验和规律是最基础的东西，但在具体的情况中，则有着由各种情况所组合和转化出的千变万化的结果。

第三，传统中医很像是一门受到中国哲学指导的艺术，和写字、画画、做文章、练功夫、看风水有着异曲同工的道理。回想起来，我遇到的几位好老师，都因为我学艺术而对我有所偏爱，说学艺术的人有空间想象力，有动手能力。后来观察起来，学艺术、哲学、文学类的人学中医，确实多数情况都比一般的理科生容易些。

在我的经验中，学好中医先要打破已知的局限，不能局限在现在主流的西方科学观里。这不是说中医不科学，或是西方科学观不好，而是现在的一种主流的西方科学观的思维方式，容易让人陷入不断细分的二元对立里。科学一直在进步更新，目前人类已知的总和，只是浩瀚宇宙的一个小角落，未知比已知多太多，很多的前沿科学都是先提出理论假设，无数年之后被验证，比如广义相对论和我们的全球定位系统的故事。因为固守自己的局限而觉得一件事情"不科学"，这个状态本身就是不科学的。

所以中医这件事，不是我们惯常以为的"一是一，二是二"式的思维方式可以搞定的。要明白我们的身体其实是宇宙的缩影。假设我们的生命是由高于我们很多的生命所创造的，或者知道世界智慧的总和比我们个体的所知多很多很多，就不会把中医往我们有限的科学或者是不科学的经验上套了。

所以要学中医，先戒局限于"眼见为实"和"我不知道的、不理解的就等于错误和没有"的经验主义。抱着这种二元对立的思路，大概是很难学好学问的，就像跟一个清朝的人说手机说互联网，他肯定觉得你在说梦话，但在今天，这却是每个人的日常。我们大多数的经验，都来自把一些东西当成了正常和已知而已。

② 不对立中西医，也不执着于招儿

因为老师不许先看书，所以相当长的时间，我都是通过观察病人学习中医的。

从人学，不能从书上学，更重要的是，时刻记得要跟活人学。

西医跟中医一个根本上的区别，就是中医重视的是对活着的生命的功能观察，西医的病理基础则来自对物质的静态分析。但现在，西医科学的高级阶段，比如前沿的细胞学，很多研究已经和我们过去所知的西医有很大的差别，很认真地说，西医其实已经与中医思路很接近了——中医和更高级的科学，比如物理学的高级阶段，和数学的高级阶段一样，有很微妙的模糊性，这种可变的模糊性其实是准确的原因，是一种精髓所在。

我听过很多关于中医、西医的争论，觉得如果对中医和西医并没有一个比较透彻和本质的认知，争论其实没有意义。也一直觉得，喜欢中医就要反对西医是一种很对立的思路。一个天天画国画的人，也会站在卢浮宫前震撼赞叹，从西方名作中获得感动和启发。学问之间，和人与人之间的相待，是一样的道理，越自卑便对别人越看不顺眼，越自信、自省便越包容。

老实说，在我的日常中，从未感受到中西医的对立。

我有很好的中医朋友，也有无话不谈的西医朋友，包括暄桐教室的同学中也有很多专业人士，有中医大夫、中医科学院的博士，也有西医的儿科医生、皮肤科医生等，大家都可以坐下来一起读读《黄帝内经》，分享讨论怎样的生活方式更健康、更有利身心。

这让我想起小时候熟悉的两位老爷爷，一位是赵朴初爷爷，是书法家、佛教学者、佛教协会会长；一位是丁光训爷爷，是主教和基督教协会的会长。他们二人是很好的朋友，言谈之间彼此都非常尊重。他们虽然已过世很多年，但那种令人如沐春风的谦和、包容的态度，叫我常常想念，也受到鼓励。

我想，在宗教哲学、古今中外一切的差异上，同一件事情，在包容、好学的眼光中，多是共性和启发，经由自卑和无知看到的，多是不能共存的差异和斗争的必要。（关于学中医时，面对西医的态度，我很佩服张锡纯先生，会把他的《医学衷中参西录》推荐给每一个喜欢中医的人。他的文字离我们近，易读，而且本就是当年的函授教材。"衷中参西"四个字，就是其中重要的思路，民国的大家们，都是会通中西的思路，张锡纯先生把当时能找到的西药，都用中药性味归经的思路——梳理阐述，这背后的态度令我们敬佩，也汗颜惭愧。）

医疗是个极其复杂的话题，从标准化这个角度看，西医系统更适合较大群体。中医古来就是一个极小众的奢侈品，它的灵魂是辨证论治，就是对问题根本原因的模型推测和分析。它们使用不同的方式,"切割"和理解一个共同的整体。生命是个美妙的课题,因为除了物质可视的层面,我们还有情感、智慧的广阔世界。

去了解它,需要先建立整体,再细分细节。就跟写字一样,很多同学一开始学,就想要进入笔法,比如横怎么写,钩怎么写,市面上也可以找到很多这样的技法书,但学完之后就会发现,放到实践中,这些都是阻碍。限制创造力的"招儿",最后带来的是更多的挫败,因为在实践中,有一万种横,一万种钩,而其中的道理和规律呢,就是"一笔"。

所以缺乏整体而偏重细节,拿在手上的越多,便增加越多的限制和执着。通过实际观察也很容易发现,喜欢讨论细节笔法的同学,容易忽略整体,写得往往都差强人意。同理,总是根据书本上的总结去对立虚实寒热,拿着个病名儿便如获至宝似的,也很难学好中医。

传统的教学其实没有那么多的理论,学生最初只是非常单纯地模仿,不带判断地模仿一切,学到的,也是一个不带判断的整体。《禅与摩托车维修艺术》那本书,其实一直就在讨论理性这个话题，理性是把刀，上手就会切割，切割的是整体；而感觉、感性的部分，是心的层面。它不来自大脑的思考，却是一条抵达本质和全貌的近路。

当然这种学法的缺点是，老师好不好就显得很重要了；而优点便是，你学到了一个生动的整体。

在我的经验里，现代人学不好传统，乃至学不好很多东西的主要原因，就是"我"太大了。碰上容易上手的事情就希望指挥老师，说想听这个、想学那个，对什么不感兴趣等，以及对于带来快速结果的"招儿"的热情。我认为学习的前提，是要先把"我"放下，所以"师带徒"模式下的传统教育，总是要花很长的时间，让学生放下自我的惯性，变成一只空杯子。我们听过那些好像很夸张的老师"折磨"学生的故事，比如先搬三年柴火，本意都是如此。

很多人学中医，都是因为想要守卫自己和家人的健康，尤其是很多的妈妈。这样以爱作为初衷，我觉得特别美好。古代很多名医之所以会成为名医，都是因为失去亲人，或自己久病，或在他人的苦痛中被触动，于是立志为众生疗愈，希望他人不再受病痛之苦。《大医精诚》，就像西医的《希波克拉底誓言》，是每一个学中医的人都读过的文字。

但我们也可以试着多一个角度，先不要那么急切地希望获得结果，而是先看看在我们祖先的智慧中，生命是如何被理解的，以及我们与自然的关系是如何被理解的。这样的好处便是，我们不会着急地学会很多招数。

"招儿"更多都是和结果相对应的，但原因才是根本。

3. 我们所看见的，不是所有

① 肉眼的观测会有局限

我看过一个撞珠游戏的视频，珠子在一个结构中游走，发生各种接触、碰撞，触发不同的机关，这个结构里的机关也随之发生各种移动和变化，最后珠子在整体结构的精准配合中，流畅地走完全程。

我们可以把身体想成一个由无数个撞珠立体撑起来的楼房或者大盒子，珠子在各个机关中畅行，一个地方卡住了，就会导致整个盒子运转逐渐失常。并且，我们是很多颗珠子在这盒子里同时游走，这珠子可以代表气血能量的流动，其中还有一个难点，就是除了可见的珠子，还有很多不可见的，也就是气的能量。

一谈到气，大家会觉得很玄，不可把握，因为看不见也摸不着，也没有一个现代医学的仪器可以来检测和证明它。但今天我们的脑子里关于实证、科学，以及现代医学里的很多概念，其实都积累自很短的历史，也不过一两百年。

认知的进步，都依赖于观测水平的提升。我们现在基本依赖的是肉眼的观测水平，但其中会有很多错觉和局限，就像一个正在快速旋转的电风扇，是看不到扇叶的，但不代表它没有。所以我们在静坐、写字、读书等层面的修养，都是在提升眼耳鼻舌这些感官后面"识"的能量水平。当跟随外部世界不断旋转的念头的速度慢下来，过去看不见的一切，才会历历在目。

观测水平和固有认知也有很大的关系。比如眼前的一块大理石，你说这就是一块石头，但古人说，生成石头的是一团气。你撇嘴说气在哪里，然后科学家告诉你，石头会放射出很多射线——其实你还是看不见，但是因为科学家的"权威"，就信任了。

很多事情都需要不带标签、不带偏见与傲慢地去对待，这样世界会开阔很多。对祖先的智慧，如果心里有一种平等的态度，不觉得历史的进步一定是线性发展的，不觉得今天一定比昨天强，很多问题都可以迎刃而解。

中医的教材里写道，中医是远古劳动人民在劳动中慢慢摸索发现的。我觉得，还是笼统了一点，我们对未来有很多假设，对于过去，也一样可以有很多可能的假设。一个时代有一个时代的长处和特征，比如唐诗宋词，今天的我们再怎么厉害，也写不出来了。还记得站在玛雅遗址上时，我感受到的是对未知的敬畏，如果你有兴趣，去了解一下玛雅之谜，那些觉得过去一定比现在落后的想法会被颠覆。

每次翻开《黄帝内经》《伤寒论》，我感受到的也是这样的敬畏。学习中医以来，我最能够接受的假设，就是中医比较像人类上一次文明留下来的智慧，是对身体、对人与天地之间的能量传输的对接，以及对信息、能量、物质的产生、转化、存储之间的细致描述与精确运算。所谓的农夫在地里，一块石头砸到身上某个地方，病好了，所以那个地方就是穴位的说法，中医真的不是这么巧合的事儿。

人类的所知极其有限，对茫茫宇宙和漫长的时间，我们需要谦卑些，尤其是对那些不了解的东西。总之，是可见加上不可见的，已知加上未知，构成了我们。

② 精气神与身体，从来都是一体的存在

有时候，我会在课堂上和大家探讨阴和阳的概念，阴阳很抽象，从说法的层面都可以聊很多，但此刻我们说到阴阳，就是指它在人的生命这个层面的体现。

最简单地说，看得见摸得着的物质层面，属阴；不可见的、能量性的作用，运动着的一切，都属阳。用手机作比，就是硬件属阴，软件、程序、网络属阳。

分开看，都不难理解，也很简单，就是所谓的阳化气，阴成形。

但落实到人的身体里，阴阳从来就没有分开过，就像手心和手背没办法分开一样。人的精气神和肉体，从来都是一体的存在。如果没有血肉的物质基础，推动力就无所附着，哪吒还得找个莲花化身，肉身是载体。一阴一阳之为道，无法孤立来说。

另外，阴阳也是个标识系统，就和左右这个概念一样，没有参考点，也没有意义。

比如现在在健身房里，别人都在动，我坐着打字，相对而言他们是阳，我是阴。但是我是在劈着叉打字的，跟躺着不动的人比，我又是阳了，不动的人是阴。

所以当我们说脾属太阴的时候，其实是相对其他脏腑而言。

局部和整体的关系是难以定位的，每一个整体里都包括局部，这句话理解起来很容易，但每一个局部里其实也都包含整体——阴阳二气的和合化生，就是一种持续地运动和变化，也以同样的结构运作在每一个局部。细胞的结构和宇宙的结构长得其实差不多。

还可以再进一步想想。

比如一家公司，一个没什么经验的人进去，在每一个部门都实习观察一个月，半年之后就能对一个团队做出一些准确的判断和建议，这比较像西医的体检。

而一个擅长经营管理的人，可能在一间公司里待一段时间，和不同的人聊聊，看看工作流程，观察工作人员的状态和表情，甚至卫生状况，就能做出一些相当准确的判断。这和中医望闻问切的方式比较接近。比如一个卫生间就能反映出很多问题——干净程度、马桶的数量、纸巾的充足程度、纸篓的清空频率等，这些细节，都在默默地说明着很多的信息和问题。

见微可以知著，一个局部可以反映一个组织的规模、财务情况、执行力以及对细节的品控和对感受的重视——中医的诊断，其实就像训练一个侦探，从生活中很多的细节收集信息，以及运用那种深入精微的敏感度，最后达到信手拈来也能判断精准的程度。这也很像大厨做饭，看似随意，其实调料放多少、火候到几成，都有毫厘之间相差千里的感觉。

所以一直都觉得中医和艺术比较近，最后落实到个人处，都是风格化的呈现。

☐ 本章推荐阅读：

《禅与摩托车维修艺术》

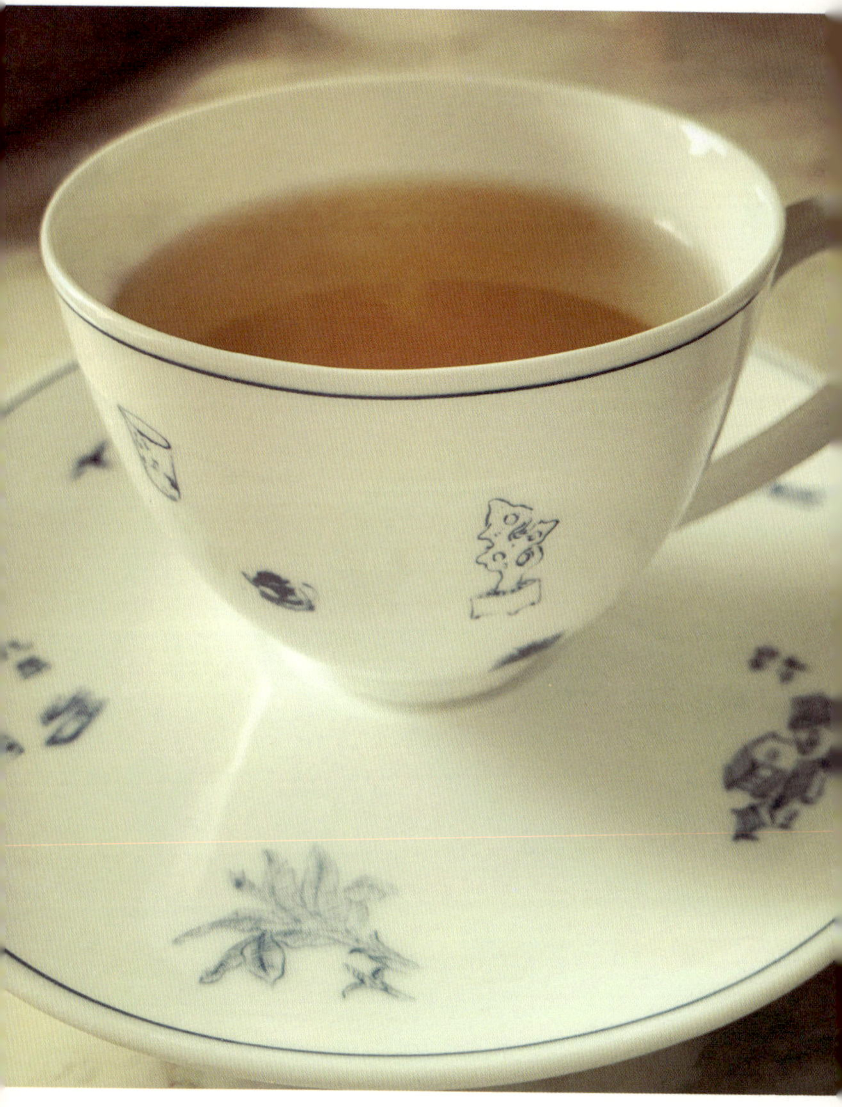

别对立。

用空杯子一样的心,

去感受和了解

别因为无知而随意地对待自己的身体
——关于艾灸的一点事

说到艾灸，大家需要先充分理解一件事，扎针、汤药、艾灸、刮痧、推拿这一类，是中医的医疗手段，尤其是针灸和方剂，是中医看病的主要方法。在关于"脾妈妈"的内容里，我们反复讲过，中医的灵魂是辨证论治。也就是说，我们无法孤立地讨论，什么方法是好的或坏的，因为对症就是好的，不对症都是坏的。水火可以济世，也可以杀人。

所有治疗方法的基础都是调动人自身和天地间的能量，通俗地理解就是治疗也是要看性价比的，最好的情况是花了比较少的钱，达成了一个不错的结果；最差的情况当然就是大炮打蚊子，付出极大的代价，但是所得有限。

当我们把身体交给一个中医大夫的时候，相当于把家里的银行卡和密码全数交出，大夫可以随意使用你的"能量"。一个大夫在他的能力范围和慈悲心里，会为你考虑多少，是他的德行修为的事。所以在过去，医生常常是某种"家传"的关系，一个大夫给一家子看病，一年结一回诊费，一家全年都身体好，诊费最高，生了病次之。

但是我们今天很难跟一个大夫建立比较长久的关系，因为我们缺乏判断的能力和耐心，有一个专业的医生天天琢磨如何令你不生病也是一件非常奢侈的事。

所以，我们需要自己更关心自己，不要以为有神医存在，觉得完全把身体交给专业人士，就可以随意糟蹋自己的身体。没有一种治疗是魔法，可以让你的行为后果一笔勾销。了解自己每一个行为的代价，是对自己负责的表现。

说回医疗手段这件事。我们很难想象自己会冲进一家西医医院跟大夫说，来，给我做个手术，把这儿给我割了！或者，来，给我打一针。

这听上去很荒谬，但这样的事情却随时发生在中医领域。由于大家对中医不了解，对中医治疗手段代价的轻视，所以以为随意进入一家按摩或是灸疗的地方，就可以拔罐、艾灸，或是服用大量的药物。即便是被认为很安全的捏脚，如果没捏好，在经络走向、补泻全然不知的情况下，你觉得捏放松了，其实是被泻虚了，这样的情况也经常出现。

所以不要坚信类似的行为出不了什么差错，很大程度上，没有出现问题，是因为你的身体还好，底子还可以。身体不好的，因为拔罐、艾灸出问题的不在少数。拔罐休克住进ICU，艾灸辨证不当持续发烧的，痰湿直接烤成痰核的，在临床上也都很常见。

辨证本身是需要学习的，无论八纲辨证、六经辨证，还是经络辨证，都是要辨证的。也就是说，如果不知道病的传路，怎么可能知道病的去路。就像都不知道问题是如何发生的，又怎么可能从根本上解决和处理一个问题？

总之，千万不要因为无知而随意（粗暴）地对待自己的身体。代价都要自己来付，我们轻视的都会付出更多代价。治病难，保健其实更难，因为上医治未病，未病和所谓的亚健康，其实需要力道水平更精细的处理。

说到这里，并不是说艾灸之类的治疗方式不好，它们是中医最主要的治疗方式之一，但必须在辨证的基础上使用。比如艾灸，推荐周楣声先生的《灸绳》，如果对此有兴趣，值得了解一下，不要随意听人讲如何如何好，就把自己当小白鼠了。

简单地说，如果艾灸后出现口渴、口干、入睡困难、皮肤干燥这些阴虚症状，就要很小心了。我自己通常把艾灸用于下陷的虚寒症状，比如吃了生冷拉肚子，通常灸肚脐的止泻效果非常好，家里有宝宝的可以常备艾条。

再比如，受凉后最初的表现是流鼻涕，这时候灸两眉之间的印堂也很管用，通常能止住清鼻涕，再配合一些微微发汗的小汤药，基本能拦截大多数单纯受凉的感冒。灸印堂得当，对退烧也有比较好的效果。还有寒性的咳嗽，可以灸后背的肺腧，或是大椎。当然，前提是寒性的咳嗽。

周楣声先生的观点中，艾灸也可用于热证，但这属于专业性非常高的做法，并不建议大家随意尝试。除非对症状和相应时间、热度剂量有非常精准的把握，才可以放心进行艾灸。

我们的时代病是大家都不愿意花时间、花功夫好好虚心学习，总想着有灵丹妙药、有魔力能解决眼下的问题，但问题既然不是一天来的，也很难一天就去。中医是门系统的学问，谨慎点，严谨点，虚心点，好好了解学习，总是更稳妥的态度。

你为什么过敏

1. 过敏的原理

过敏其实是大家似乎多少都经历过,也越来越重视,但说不太清楚的一种问题。之前说过,辨证论治是中医的灵魂,中医的核心是人,而不是病。越高明的医生眼中越没有要战胜的病魔。

在中医的视角里,过敏本质上是身体告诉我们要放松,要健脾,要改变一下生活方式的信号。

似乎,过敏已经成了养生的一个大敌,一到换季,过敏的人就越来越多。

关于过敏,它其实是一个西医的词汇,西医是这么解释的:

简单地说,过敏就是身体过激的免疫应答,免疫系统保护我们的身体不受外来侵害,但这个保护系统的分辨能力出了问题,它太警觉紧张,太想保护我们了,就把对人无害的东西都当作敌人来防御了,于是花粉啊,吃的某一种食物啊,甚至闻到的一种味道,都成了被攻击的对象。

过敏就是免疫系统的"黑名单"过于严格了,以至于敌我不分,然后就开启的排斥反应。本意是好的,但是这种保护行为小则让人特别难受,大则严重致命,所以原因在身体本身,而不是外在的东西,它们只是起到了引发的作用。

比较长远的解决之道是让免疫系统放松,恢复正常,而不是死盯着导致过敏的千奇百怪的可能有害物。

如果已知的某些东西确实很明确地导致了过敏,从不吃眼前亏的角度出发,当然是要避一避的。最初,隔离过敏源是最容易做到的,但终究不是根本的解决之道。就像房屋容易有小偷进来,是该选择优化房子的安全性能,还是一直准备抓小偷呢?答案很清楚,如果一直神经紧绷地盯着每个路人，判断他是否是小偷，最后容易模糊了判断和边界，看每个人都像小偷，就和免疫系统所做的敌友不分的出击一样。

很多过敏的人到后来，都会陷入一种"看什么都危险"的压力状态中。过敏的难受症状导致心情焦虑，进一步让我们的神经系统更加振奋地去"抗敌"，得不到休息，于是过敏会更严重。本质上是神经系统的紧张，导致免疫系统的同步。同样的道理，很多过敏的缓解，都源于紧张和压力的减弱，神经系统的警报解除，于是免疫系统得以放松。

所以当我们发现有过敏症状的时候，需要往深层探索一下自己是否有一些深层潜在的心理状态，比如对外界和变化容易悲观、太希望控制局面、对自己过度保护以及有焦虑的倾向。"深层"这两个字是需要强调的，因为很多看上去放松的大大咧咧的人，反而更容易隐藏焦虑，更在意外界的评价和反馈。

多关注自己的生活习惯和心理状态，而不是一味查找导致过敏的罪魁祸首，或简单地抑制过敏症状。就像门铃响很烦人,摘掉门铃,不吵了,但没有解决问题。

2. 过敏的内因

曾问过好几位被荨麻疹、过敏性鼻炎、过敏性哮喘折磨良久的朋友,过敏到底是什么?

大家都会描述难受的症状,比如全身红痒,流鼻涕、流眼泪,晚上喘得躺不下去。但却很难真的确定自己到底是如何过敏的,甚至医生也解释不太清楚,只能想办法缓解症状。

当然,也可以选择去医院筛查过敏源,筛查方法有很多种,比如传统的注射皮试或针刺滴入式,观察出现的一群红包,然后等待"中奖"通知。但遗憾的是,血液测试的过敏反应,与过敏的主要爆发地——皮肤黏膜的反应也不见得完全一样。

记得有个朋友的孩子,在筛查了过敏源之后,发现他对包括大米在内的常见的 20 多种食物过敏,这太棘手了,西医暂时无解,就寻求中医的帮助,发现是小朋友脾胃太弱太寒。进行饮食的调理，又让小朋友坚持运动了一阵，后来慢慢地好转了。

"证明"这件事完全基于我们现有的观测系统，但远远大于我们的可观测范围。目前西医的实证研究，很难把精神、思维以及神经系统对内分泌和免疫系统的影响非常具体地、物化地表达出来，也就是很难在中医里从"心神"这个角度进行物质具体化和应用，因为一不小心就会进入有神论的领域、某种心灵决定论的领域，这对生物医学领域来说是艰难的跨越。

生活中，大家对过敏的直接反应更多停留在哪些东西不能吃、不能碰。就像筛查过敏源一样，有过真实过敏体验的人大概都知道，这个结论是不那么准确的，因为必然性不是绝对不变的存在。同样的东西，可能导致过敏也可能不会导致过敏，或者这段时间对某样东西过敏，过一阵子有可能就换了一批别的东西；也并不是对已知的那些进行防范，就能够一次性解决所有问题。

"黑名单"的不固定，会很容易使自己开始疲惫的打地鼠游戏，此起彼伏；而脱敏治疗也是一个比较折磨人的漫长过程，然后就慢慢接受了，把过敏当作一种常态：我是过敏体质。好像这是一切过敏的起源。

实际上，过敏是一个结果，不是一个原因。

如果用中医的思路来描述西医概念里的过敏，有很多词来表达，比如营卫不和、血虚风动、表虚夹湿，治疗的方法也有很多种：益气固表，调和营卫，平肝熄风，解表化湿等等。

如果要试着描述一下过敏的"中医版现场"，便是当人的气血津液不够充盈，正气不够的时候，外来的某些物质"脾妈妈"就运化不掉了，正气在把这些不属于身体的外来物质推出体外的过程中，遇到了阻碍。

阻碍来自两处：一是"脾妈妈"被寒凉痰湿困阻，缺乏推动力；二是肺的皮表防御开关失灵——很多时候都是有表寒，导致出汗解表受阻，或者外界气机敛降，卡住卫表通道导致营卫不和，这些不属于身体的外来物就停留在皮表（皮肤黏膜），再卡住通道，聚集成水湿或痰饮。

就像高速路上突然关闭出口，或是出现了障碍物，偏偏一辆车的油不够，载重还特别沉，开得很慢，一着急熄火停在了半路，变成了新的障碍物，于是后面的车一连串撞上，这个车祸现场就是过敏。

所以本质还是"脾妈妈"的车子是否有油能开动；物质基础与推动力不够，就是所谓的不能"阳密乃固"。因此，要解决过敏问题，首先是"脾妈妈"的运化推动力不能受阻，车要可以开，身体的气血要足，车要有油，路上的红绿灯运转正常，这样过敏的车祸现场就不存在了。

以上现象都是对结果的描述，但真正的问题是，我们的"脾妈妈"的推动力去哪里了？是怎么被消耗掉的？

这是一个更应该考虑的问题——在中医的思路中，更多关注的是主体内因，而不是外界的因素，外界的因素必须通过内因起作用，俗称"苍蝇不叮无缝的蛋"。就像"脾妈妈"运化得当的就会变成能量，反之便是垃圾（也就是中医讲的蕴热或湿阻），孤立地讨论过敏源和抱怨外界的环境空气，不太能解决问题，还是要从根本的内因入手。

3. 对过敏问题的六个建议

关于过敏,这里有一些具体务实的建议,大家可以根据自己的情况来参考:

① 饮食要清淡易消化,少吃难消化的食物
② 远离寒凉 ③ 保证充足睡眠,让"脾妈妈"能量充足 ④ 练就平稳心情、时刻放松的功夫
⑤ 适量运动   ⑥ 广泛了解,好好养生

① 饮食要清淡易消化,少吃难消化的食物——导致过敏的食物,大多是增加痰湿、影响代谢的食物

从中医的角度来说,过敏大多缘于多痰脾虚的体质,而所谓的导致过敏的食物,也大多是增加痰湿、影响代谢的食物,所以食物的清透单纯,是过敏人士最需

要注意的。

所谓清透,就是不要吃太厚重的味道,过甜、过咸、过辣都要在意些,并尽量少吃预制加工的食物。

尤其是油腻,很容易加重"脾妈妈"的运化负担,要特别在意。当然,如果"脾妈妈"运化得好,油腻不是什么大问题,但是"脾妈妈"已然虚弱了,那就很可能运化不掉,形成垃圾,留在体内成为过敏源。

② 远离寒凉——花粉过敏最严重的地方都是饮食偏生冷寒凉的地方

曾有位住在日本的朋友说,以前在国内没有花粉症,住到这里却过敏起来,估计是这里的空气比较干净吧。

看着她手里的冰水,我想说,其实有可能生活方式的变化才是过敏的主要原因。

脾一旦受寒,热能就被包裹起来,短则生湿,时间稍微一长,就变成湿热。脾的运化的动能并没有消失,但只要受到阻碍就会产生郁热,这和房间里空气不流动温度就升高是一个道理。

③ 保证充足睡眠，让"脾妈妈"能量充足

睡眠不足，肝血就很难充足。"卧则血归肝"，如果睡不着，躺着也多少有些用。血虚生风即要养血息风，这是治疗皮肤问题的一个很重要的思路。

"肝大人"和"脾妈妈"是一组万年恩爱冤家，相爱相杀。一方面，肝随脾升，携手向前；另一方面，一"翻脸"，肝木就最容易克伐脾土。

"肝大人"使命必达，一切都要掌控；"脾妈妈"忍辱负重，一旦虚弱，必然被"肝大人"欺负。"木克土，胃发堵"，有情绪的时候，人就吃不好饭了，当然也睡不好觉。

前面提过，"脾妈妈"的能量去了哪里？很大程度上都是被"肝大人"急着往前冲，想要使命必达，但又能量不够，被心有余而力不足所导致的思虑拖延症和伴生的情绪给拖垮了。

就像两个人各把一条腿绑在一起往前跑的游戏，配合协调不好，速度慢不说，还容易摔跤。

有内必形于外，内在情绪上有顽固的思虑和压力，再加上脾胃虚弱，很容易变成顽固的过敏。

④ 练就平稳心情、时刻放松的功夫——过敏的人，多数都属于容易紧张不放松，凡事都做最坏的打算、爱较真的人群

就算读完一百本关于放松心情的书，我们也依然容易遇事就紧张。

人类在远古，与野兽共处的时代，随时都有生命危险，也随时需要准备应战和逃跑，于是我们的神经系统就发展出一套节能适应系统，以适应这样的危险环境。

当面临危险，神经系统会开启应急开关，进入备战模式，升高血糖，减少皮肤和消化系统的血液供给，这种状态是一种高度向外的自我保护的应激状态，受伤了会忽略疼痛，会减少创造思考，所有的感知完全对外警觉。

当代人，已经从原始密林和野兽的包围中解脱出

来，却不幸开始了长时间的应激状态，承担着高压力生活带来的持续紧张，神经系统和免疫系统彼此联动，精神的紧张便导致了身体的过敏。

过敏的人多数都属于容易紧张，凡事都要做最坏的打算、爱较真的人群（小朋友过敏，很多缘于妈妈焦虑紧张），心灵警觉，自我保护过激在先，身体免疫系统过敏在后。

思虑和情绪的持续紧张折磨之后，最容易出现的就是"脾妈妈"所属的中焦运转失灵，人的身心就在自信爆棚和自卑失落间摆荡：要么是"肝大人"主导的"一切都要在我的掌握中"，要么是"肺哥哥"的悲观调调："我什么用都没有。"

心力越弱越容易受到外界影响产生压力，压力反过来制约心力的成长并持续向外索求。

总之，觉察深层的危机感、紧张感，练好功夫去放松它，远离贪婪和压力，才会从源头上解决过敏。

要强调"功夫"二字，就像不可能刚走进健身房就可以来五分钟的平板支撑，我们的心力、面对压力的自在状态，是练出来的，不是想想就有的。

静坐写字，呼吸吐纳，都是最传统的心灵训练，希望你已经在练功夫的路上了。

⑤ 适量运动

不过劳的适量运动是疏导气血的好方法，可以有一些持续的日常体育运动。

⑥ 广泛了解，好好养生

如果可能，可以展开一些相关知识的阅读。

另外也要很严肃地提醒各位，千万不要觉得自己症状类似，就擅自给自己开药方，这是非常不安全的做法。

辨证论治是中医的灵魂，中医的秘密不是书上那个方子，人人都可以随意查阅药方。中医用药的技术秘密在于剂量，多几克少几克完全可以是两个方向的药。

把治疗交给专业的大夫，并不是说我们无所作为，反而在过敏这件事上，或者在大多数慢性问题的解决中，都是"三分治，七分养"；养生，改变导致问题的生活方式才是疗愈的根本。

西医的有关文章很多，关于免疫细胞和神经细胞如何天衣无缝地协作共舞，神经、免疫、内分泌系统的协作，其实对研究过敏现象极为重要，解决过敏问题的答案就埋伏在这里面。

现在，每过一段时间对过敏就有很多新的发现和研究。我很喜欢看这些文章，对理解中医很有启发。同样一个研究对象，人体这个世界，中西医用了不同的方法来切割研究，中医是古典艺术，西医是现代艺术，都值得好好学习和欣赏。

治是暂时的，养的生活是根本。不管中医西医，提升正气，提升免疫力，都是治疗过敏的根本思路，心物一元会在每一处呈现。

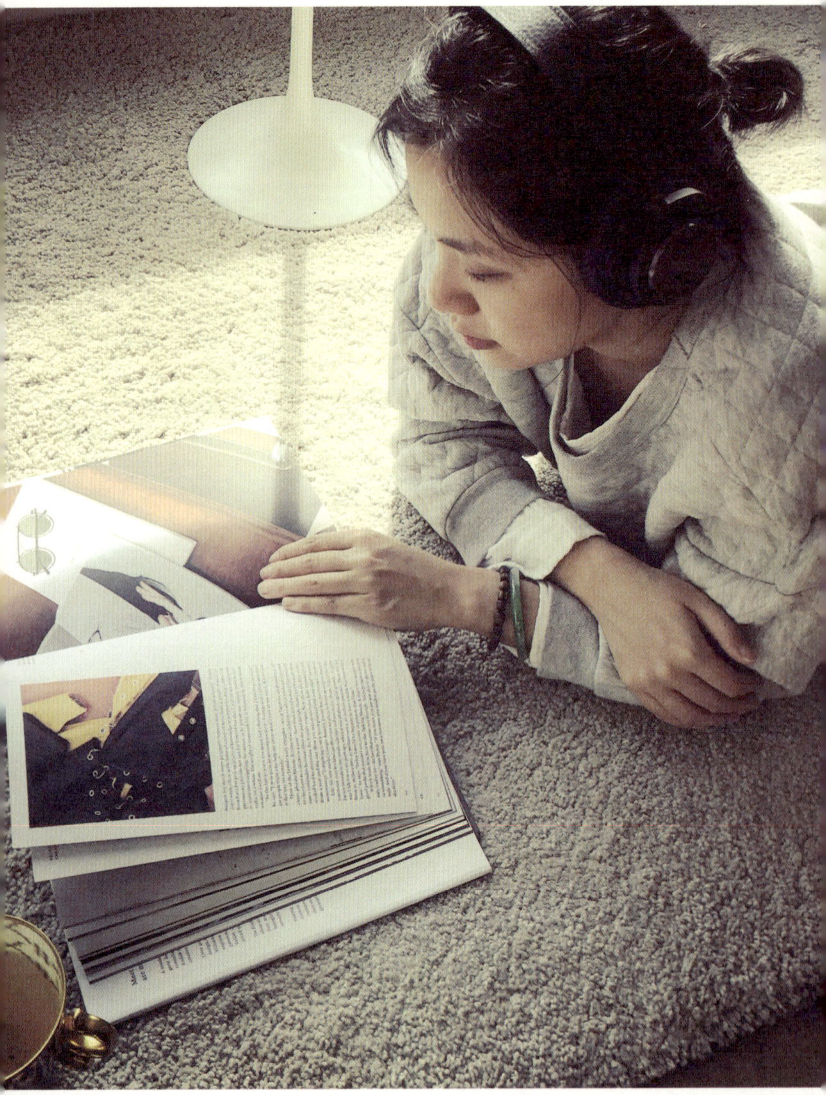

觉察深层的

危机感、紧张感，

练好功夫去放松它，

远离贪婪和压力

你要什么，你听谁的
——《原则》读后感

1. 所有的痛苦都是转化契机
###　　和学习升级的机会

　　看完了《原则》这本书，觉得简直就是一本写给"脾妈妈"的滋补保养书。"脾妈妈"要是有原则去保护，就不会被大量悬而未决的思虑折磨消耗了。

　　很多道理，我们也许都懂，但就是做不到，需要吃些亏，付出些代价，才能真正懂得并且执行。很多时候，我们也许太灵活，太随意，于是需要一些原则、一些使命必达的决心来督促磨砺。

　　做事，对事不对人、对人不对事大概都不对，人和事消除了对立，能够全面地有因果关系地考察，才会接近真相。

这本书有500多页，写得很严谨细致，几乎包含了作者关于"原则"的全部心得。

都说作者瑞是金融界的乔布斯，他们那种对卓越、对自己坚信的东西的韧性，对完美的渴求，那些在普通人看来相当偏执的特性真是非常相似。当然，从中医角度看，过于苛求不利于健康，但是对于标准线设置较高的人，不苛求反而肝郁，最后比拼的就是能量储备和匹配问题了。这类对自己对他人都有极高要求的人，抗压能力和转化能力也是天赋异禀、匹配到位的。

如依照作者的强度执行原则，相信许多人不被外界的压力压垮，便已被自己的压力弄趴下了，可以想象，让自己坚持原则都相当辛苦，何况让一个人人都有差异的庞大组织坚持原则。

瑞在文中反复提及了对痛苦的看法：所有的痛苦都是转化契机和学习升级的机会。

这个观点大概是压力来临时，最好的原则保护。

书的前半部分是作者个人的工作史，读起来相对容易；后半部分都是一条条的原则解读，会枯燥些，但展开想象力，比对一下自己身边的人和事，还是相当实用的，也会暗自佩服作者的严谨细致和坦率真诚。

作者说，读者应该参考他的原则，建立自己的原则，而不是照搬。其实哪本书都不宜照搬，把它们当作我们视角拼图的一块，越多元的视角越宽容通达。思考践行可用的，不可用的也成为你理解他人的养料。这是我的读书原则，君子和而不同，是中国人的传统。

整本书读下来，觉得作者的原则虽然有些理想化，操作的人如果没理解好，就容易流于形式，但那种对原则坚持的精神真的很值得好好学习。

在暄桐教室学习静坐的时候，我们讲过"戒、定、慧"的系统。

"戒"字，其实就可以理解为原则。在人生不断的进程中，为了自己生命的进化和升级，不断总结的经验和向前人虚心学习的判断和行为准则。戒就是原则，人的价值观差异带来原则的差异，更带来行为的差异和命运的差异。

有原则的人不会总是被外界所左右，这不代表死板，而是如同在风暴的中心，有自己的定力。戒律直接产生定力，有定力才能产生接近真相的全面观察，才谈得上静观的智慧。

从自律专注开始，才能有稳定的进步，否则很容易反复在进退中原地踏步。正好，作者瑞和乔布斯一样，是一位静坐冥想爱好者，对静坐带来的关于当下意识有序的整理和潜意识的启发，有相当的心得写在书里，在这儿就不一一重复了。

如果用最简单的话来总结这本书，这是一本教你如何正确做选择的书，我们的人生轨迹正是无数不同选择相加的结果。选择的能力，包含两个部分，一个是价值观，另一个就是选择参考什么样的角度和观点。

用简单的话说，你要什么和你听谁的。这两个问题几乎涵盖了所有的决策执行。

我想分别来说说"你要什么"的价值观与"你听谁的"参考角度问题。

2. 价值观：你要什么

价值观部分需要自己用长期的知行合一的修为去求证。冷暖自知的需求，没有办法套用别人的现成品。今天我们普遍的幸福感问题来源于完全取用社会和他人的标准要求自己，千人一面，忽视了人和人之间、路途与路途之间的巨大差异。

选择的背后是你的价值观在做支撑。作者说，他认为工作的价值是追求卓越之外，建立正面积极的人际关系，而人的关系高于事业成果和金钱。

正面联结的人际关系是幸福的源泉，过分拜金势利的价值观背后其实是一种爱无力的表现。守着大量财富活得不够开心的人太常见了。

凡事皆有代价，是否有真正的智慧善用世间的能量是需要修为锻炼的能力。物质和幸福感在平衡的度里是正比的关系，一旦超过了一个合适可负担的度，就是反向的趋势了。

所以，先弄清楚自己的价值观。真实的价值观，不是嘴上说的,而是你真实花时间去追求的。

比如,我的价值观排序大概如下:最珍贵的是人的情感,保持健康,持续学习,然后才是事业。因为人有扎实的情感支持,有来自爱人、家人、伙伴、同好之间的情感流动,才能有扎实的满足感,这当然对健康很有利,健康才有持续的能量储备长久学习进步,而学习的成果表现为事业。

接下来,可以找个时间为生命中重要的事好好排序一下,习惯这样做你就不会为各种所谓失去的机会而懊悔,不会给自己当下的一切找借口,而是承担好自己的人生,确定生命、时间、情感你都好好把握了。

人有清晰的价值观才有可能做出符合自己目标的选择,也很容易知道自己要放弃什么。否则很容易南辕北辙,不珍惜拥有的,只看着没有的,就会反复上演那种"曾经有一份爱摆在我面前"的凄美故事。

搞不清楚自己到底要什么,这是一个人生的谜。但揭开谜底还有更简单的方法:安静地闭上眼,感受一下如果生命只剩下三天,你要做什么。

这个观想练习可以在静坐的时候试试，我常常做。

这个练习帮助我紧紧地围绕我的真实期望做选择。全心地沉浸在这个练习中，眼前令你烦恼的，让你贪求的大多数事情都变得不重要了，重要的则会自然浮现。当然，这个练习只是一种假设，因为生命相当无常，有时候甚至没有给人三天的时间。

在这颗蓝色星球上，人渺小至极，能把握机会的时候就要好好把握。所以，当你手捧着金子一样的时间时，你要考虑的不是如何打发它，而是让每一秒都有它存在的价值，都用心地投入过。

3. 参考角度：你听谁的

《原则》的作者所处的金融行业是一个基于无数不确定性的行业，所以，几乎每天都要做出对未来的各种严谨但本质是赌博性的判断，所以他在得出更优化的抉择上花了极大的力气和篇幅。当然，生活中我们做每一个决定的本质也是赌博，只是概率胜算大小的差别而已。

一个有意思的观点是，很多对他人来说看似赌博的行为，对做决定的本人来说，往往有相当的理由证据支撑。想当然的理由证据容易赌输，严谨客观的赢的概率较大。

在书中，作者认为对他的工作和人生起到最重要作用的经验，叫作"idea meritocracy"。书中翻译为"创意择优"，这个词翻译得稍稍有点费解，直译是想法上的精英主义，也依然不好懂。

看完这本书，如果不能清楚地理解"创意择优"这个概念，那基本就很难运用其中的经验了。

人在做决定的时候，会陷入两个极端，一是过分自信，不相信别人说的，这种类型就需要多吃亏，长记性。从这个角度说，早点吃亏真是福气的表现。另一个极端是，谁的话都听，最后彻底没有方向和主见，这样的问题就是缺乏独立思考。

创意择优的步骤有点复杂，但非常稳妥，建议大家在人生有重要决定的时候，可以认真尝试完成这个过程，或者养成习惯，在做大多数决定之前都可以运用。

我总结的大概是这样几步，和作者的说法可能不同，我更多地强调了操作的实际难度，有助于对症下药。

第一、二步是 idea，第三、四步是 meritocracy。

Idea | 创意
- 第一步：要了解自己的问题是什么，就是到底困扰你的底层原因是什么。
- 第二步：广泛听取意见。

Meritocracy | 择优
- 第三步：认真取舍。
- 第四步：自己做决策。

- 第一步：要了解自己的问题是什么，就是到底困扰你的底层原因是什么。

我们遇到问题的时候，很容易迷失在一堆现象里，困扰你的往往是结果，而需要非常认真地思考才能够看到根本的原因，否则贸然行动，好则治标不治本，坏则更是添乱。如同中医看病一样,辨证论治是最重要的,因为一个原因可能导致多种后果,而同样的后果可能是由不同原因造成的。但每次原因的主次和数量都不同。

当有了一定的结论之后,不要急于做判断,先放置一下。

- 第二步:广泛听取意见。

听取意见的时候,保持尽量开放的头脑和态度,尤其是要珍惜跟自己不太一样的角度。因为这样最容易扫描到认知盲点,帮助突破思维的死角。

对这一步,我觉得操作上是最困难的。这也是我相信大多数人即使将 500 多页认真看完,发现了这本世界上最富有、最成功的人之一认真写下的武林秘籍,但最关键的"创意择优"这招,还是有点练不起来的原因。就像思过崖也上去了,但是只有令狐冲把"独孤九剑"练成了。

分析一下原因,大概是这样:

其中有主客观两方面的很明显的陷阱。

主观上我们往往容易"渔猎见闻",就是只搜集符合自己预期的信息,对别人的提醒和建议往往选择性接受,也容易只向基本跟自己观点相似或行为模式类似的人询问意见。我们也普遍会被"神奇"的面子系统操控,给意见的人缺乏"只是发表意见而不干涉"的美德,听意见的人缺乏告知"我会按照我自己的思路来,但是万分感激你告诉我真话"的美德。

保持尽可能开放的大脑和心态,这对双方的素质和自信程度有很高的要求,操作中,很容易就演变成"我给你意见就要帮你拿主意甚至是包办代替"的干涉,"我听了你的意见但是没按你说的做,下次就没有下次了"的歉意和回避。

客观上讲,"人微言轻"和"位高权重",要听到真诚的建议都有相当的难度,都需要有跨越人际圈层的自信和能力。

人生起步阶段,处处都需要帮助,要把能听到比自己能力经验强的人的真话当作福气。因为设身处地为他人想想,人人都会衡量时间精力的投入产出,如何给他人一个为你值得花时间、花精力的理由,是一种灵气。

寻求帮助、询问意见的自己,要记得好好当一个响鼓,不用重锤,不要成为消耗他人的能量黑洞,记得时刻表达感激。

而一个足够重要的人,一个在很多情景里扮演决定性角色的人,很难听到反面意见的真话。只有保持相当开放平等的心胸和有着对不同意见的免责机制和协调,才能让身边的人告诉你他们的真实想法和意见。否则很快就是一片祥和的歌舞升平,然后自己孤独地做着决定。很多所谓成功者的孤独也基本都是自己造成的。年纪越大越应该珍惜那些说真话而不是仅仅讨好的朋友和伙伴。(说真话当然不是杠精,这里面的动机差别应该还是很好区分的。)

- 第三步:认真取舍。

陷阱如果都完美过去,那么就进入了第三步。

在全面搜集完信息、意见,包括可以有合理的不带太多个人情绪的讨论甚至争论之后,就需要拿张纸把各种可能性都写下来，认真取舍。取舍的标准，一是目标与价值观，二是书里反复提到的"可信度加权"，就是认真考量意见本身的分量和权重。

他人提出的意见可听可不听，取决于两点：

一是在这个类型的事件中，他过去有多少成功经验。

一次可能是偶然，两到三次说明是可以重复的经验，也就是知行合一的分量。

二是他能不能清晰地论证其意见的思考过程，也就是是否有清晰的逻辑可言；知其然也知其所以然，成功的可能性才高，否则很容易撞大运。

这个可信度加权就是所谓的 meritocracy 的部分，不是按人头平均摊开的民主。这招在意见很多的时候，确实是管用的。一个自己都没有实现过的人的意见很难让人相信，也就是缺乏知行合一的力量。甚至同样的话从两个人嘴里说出来，言行一致的那一个总是显得更有力。

我们很容易被信息的堆砌所迷惑，就好像一个人对你甜言蜜语承诺很多，但从未付诸行动，那么这个语言的信用就没有了。还是那个渔猎见闻的问题，很多时候，我们都会用自己比较倾向的信息源来对抗我们不愿面对而刻意回避的真相。你无法叫醒一个装睡的人。这个值得深深反省。

- 第四步：自己做决策。

第四步就是综合以上三步，得出自己的决策。决策必须来自自身，因为最后承担责任的人是自己，别人不会帮你承担责任，因此别人也无法帮你做决策。很多怨气都来自——我们做了决策，最后结果不好，又不愿意承担后果。预期太乐观的人都容易成为生活中最爱抱怨的负能量选手。

抱怨了一万句，总结起来都是一句，这不怪我，都怪某某某，从身边人到外间事，什么都可以填进这个某某某中。

当决策清晰之后，就应该付诸严格的执行，这才是原则产生保护效果的开始。比如每个人都说了热爱中国文化，热爱书法，喜欢暄桐教室的氛围，但就是不坚持写作业。最后所有的热爱都变成了口头的装饰，而没有成为知行合一的功夫本身。

我们大多数人都不喜欢长久思考，快速行动，反而习惯快速思考，长久行动来试错。孙子兵法中，我最喜欢的就是"庙算"的那个部分，就是每一个行动都有成本，都要消耗能量。所以，最好深思熟虑，多花一些时间来好好论证计划，这不会损失什么；一旦兵马出动，时间、精力都要开始消耗，尤其是协作，一旦莽撞，消耗的就是所有人的精力。消耗了别人，别人负面情绪的反馈又必然形成新的压力，来制约我们自己的行为，并且动摇自信。仔细想想，确实不划算。

回到"脾妈妈"的角度，如果我们能好好地免于思虑，或者说在原则的保护下，准确思考，保存能量，用来滋养运化身体所需，"脾妈妈"健康畅达，我们应该会健康很多吧。

其实《原则》这本书里还有好多有意思的细节和宝贵经验，大家可以将这篇文字当作一个引子，去读一读这本书。角度不同，阅读所得也不同。同样的旅程，心得是不同的，这正是有趣之处，不是吗？

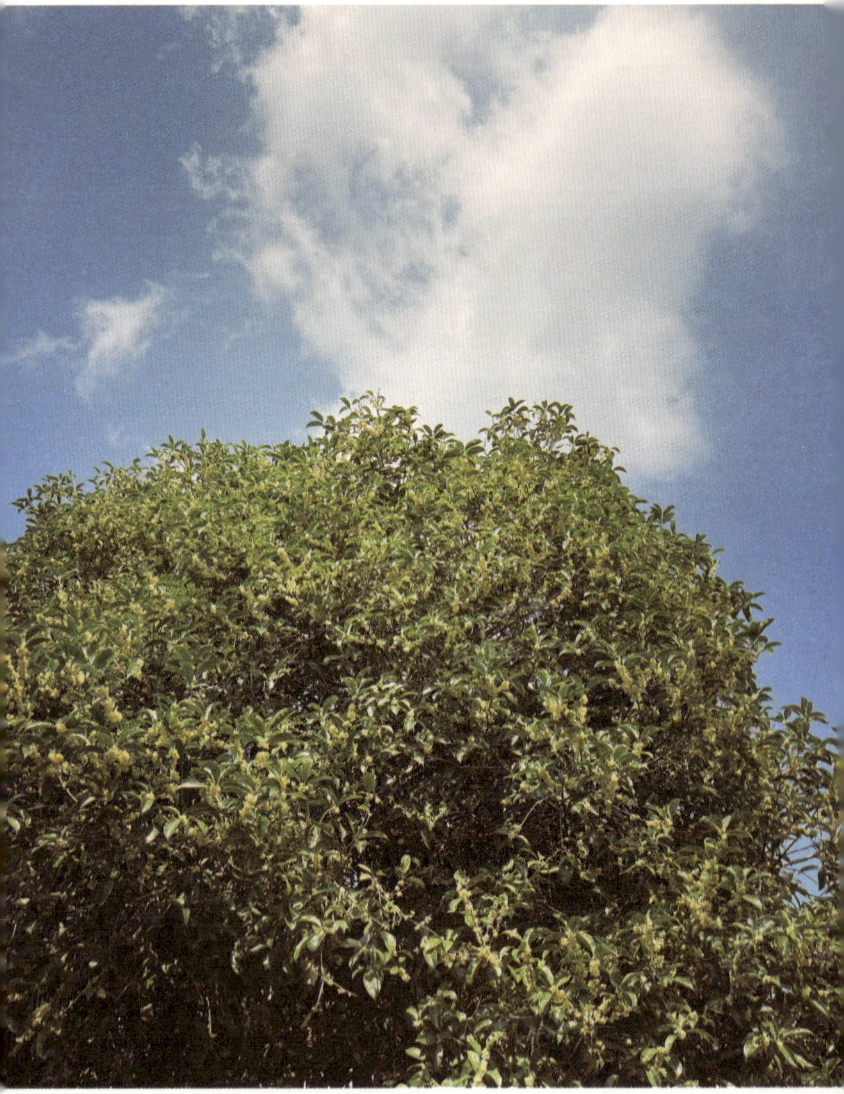

谢谢阅读

愿您身心康健